U0746363

自动控制原理及应用

（供机械类、电气类及康复工程技术等专业用）

主　编　计青山　胡即明

编　者　（以姓氏笔画为序）

计青山（浙江药科职业大学）

张　晨（浙江药科职业大学）

张存喜（浙江海洋大学）

胡即明（浙江药科职业大学）

郝鸿雁（浙江药科职业大学）

中国健康传媒集团

中国医药科技出版社

内 容 提 要

本教材是"高等职业教育本科医疗器械类专业规划教材"之一，系根据高等职业教育本科人才培养方案和本套教材编写要求编写而成。本书共分为 8 章：自动控制系统的基本概念，自动控制系统的数学模型，自动控制系统的时域分析，自动控制系统的频域分析，控制系统的校正，MatLab 在自动控制系统中的应用，直流调速系统和伺服系统。注重基本概念和基本方法的阐述，简化烦琐的理论推导，加强理论联系实际，充实应用实例。

本教材可供全国高等职业教育应用型本科院校机械类、电气类及康复工程技术等专业师生作为教材使用，也可作为相关专业高等职业院校学生及成人自学者的教学参考书。

图书在版编目（CIP）数据

自动控制原理及应用／计青山，胡即明主编.

北京：中国医药科技出版社，2024.9. －－（高等职业教育本科医疗器械类专业规划教材）. －－ ISBN 978 - 7 - 5214 - 3675 - 4

Ⅰ. TP13

中国国家版本馆 CIP 数据核字第 2024SW6424 号

美术编辑 陈君杞

版式设计 友全图文

出版　**中国健康传媒集团**｜中国医药科技出版社

地址　北京市海淀区文慧园北路甲 22 号

邮编　100082

电话　发行：010 - 62227427　邮购：010 - 62236938

网址　www.cmstp.com

规格　889mm×1194mm $\frac{1}{16}$

印张　9 $\frac{1}{2}$

字数　274 千字

版次　2024 年 9 月第 1 版

印次　2024 年 9 月第 1 次印刷

印刷　北京金康利印刷有限公司

经销　全国各地新华书店

书号　ISBN 978 - 7 - 5214 - 3675 - 4

定价　**45.00 元**

获取新书信息、投稿、为图书纠错，请扫码联系我们。

数字化教材编委会

主　编　计青山　胡即明

编　者　（以姓氏笔画为序）

计青山（浙江药科职业大学）

张　　晨（浙江药科职业大学）

张存喜（浙江海洋大学）

胡即明（浙江药科职业大学）

郝鸿雁（浙江药科职业大学）

前言 PREFACE

  自动控制技术已广泛应用于现代工业、农业、医疗、国防、经济及社会科学等众多不同领域，国家对于掌握一定自动控制技术的应用型专门人才的需求越来越大。因此，编写符合应用型专门人才培养目标要求的优秀教材显得尤为重要。本教材遵循应用型专门人才培养的规律，面向 21 世纪科技发展的需要及医疗器械类、自动化类、电气类、机械类各专业教学改革的要求编写而成。

  自动控制原理是研究自动控制基本规律的科学，是分析和设计自动控制系统的理论基础，一般包括经典控制理论和现代控制理论两部分内容。本教材以控制工程中应用广泛的经典控制理论及应用为主要内容，使得学生了解自动控制系统的组成、特点、专业术语及基本原理，掌握经典控制理论的分析与设计方法，为后续设计与调试自动控制系统打下理论与实践基础。

  本教材编写分工如下：张晨编写第一章，张晨、郝鸿雁编写第二章，胡即明编写第三、四章，张存喜编写第六章，计青山编写第五、七、八章。

  本教材可供全国高等职业教育应用型本科院校机械类、电气类及康复工程技术等专业师生作为教材使用，也可作为相关专业高等职业院校学生及成人自学者的教学参考书。

  在本教材的编写过程中，查阅和参考了大量的文献资料，在此谨向参考文献的作者致以诚挚的谢意。

  由于学科不断发展，书中不妥之处在所难免，恳请广大读者批评指正，以便修订时完善。

编　者
2024 年 6 月

CONTENTS **目录**

第一章　自动控制系统的基本概念

学习目标

1. **掌握**　自动控制系统中的基本概念；控制系统的任务、组成及控制装置各部分的作用。
2. **熟悉**　自动控制理论的基本要求；负反馈控制原理。
3. **了解**　控制理论的发展历史；系统的基本控制方式及特点。
4. 学会用控制的理论分析实际自动控制系统；能够由系统工作原理图画出系统方块图。

⇒ **案例分析** -

　　实例　输液泵是一种能够精确控制输液速度和输液量的医疗器械。通常由微处理器、泵体、传感器和人机界面等组成。微处理器根据预设的输液速度和输液量，通过控制泵体运转来实现精确的输液控制。同时，传感器可以实时监测输液的速度和流量，并将数据反馈给微处理器，以便进行实时调整和控制。

　　问题　1. 输液泵作为一个自动控制系统，其输入量、控制量和输出量分别是什么？

　　　　　　2. 试画出输液泵的系统方框图。

- -

　　自动化技术几乎渗透到国民经济的各个领域及社会生活的各个方面，是当代发展最迅速、应用最广泛、最引人注目的高科技，是推动新的技术革命和新的产业革命的关键技术。从某种程度上来说，自动化是现代化的同义词。自动控制原理课程主要介绍分析、设计自动控制系统的基本方法。

　　本章从介绍自动控制的发展历史入手，引出用自动控制理论分析、设计自动控制系统的基本思想，然后介绍自动控制的基本概念以及对自动控制系统的基本要求，使读者大致了解自动控制理论的概况。

第一节　自动控制系统

　　1769 年，瓦特（J. Watt）发明蒸汽机，推动了工业革命的进一步发展。但是，当时的蒸汽机需要人不断地调节蒸汽阀门才能保持蒸汽机的速度稳定，蒸汽机的应用受到调速精度的限制。为了解决蒸汽机的速度控制问题，瓦特于 1788 年又将欧洲风力磨坊里的飞球调节器原理应用于蒸汽机速度控制，构成了世界上公认的第一个自动控制系统，其工作原理如图 1-1 所示。

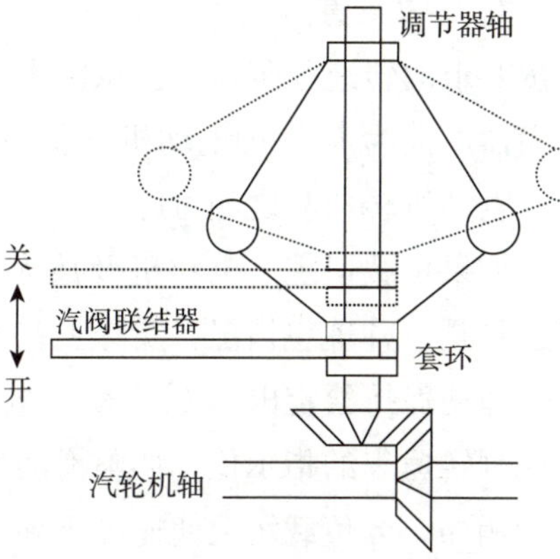

　　飞球调节器是一个与蒸汽机轴相连的机械装置，当由于蒸汽机的负载减轻或者蒸汽温度升高等导致蒸汽机转速升高时，飞球调节器的转速也升高，离心力增加，飞球升高，带着套环上升，汽阀联结器关小蒸汽阀门，从而降低蒸汽机速度。反之，当由于蒸汽机的负载增加或者蒸汽温度下降等导致蒸汽机转速降低时，

图 1-1　飞球调节器原理图

飞球调节器的转速也下降，离心力减小，飞球降低，带着套环下降，汽阀联结器开大蒸汽阀门，从而提高蒸汽机速度。由此可见，尽管受到负载、蒸汽温度变化等扰动的影响，但由于飞球调节器的作用，蒸汽机的速度仍然能稳定在设定值附近。

飞球调节器的发明进一步推动了蒸汽机的应用，也使飞球调节器控制原理闻名于世，并被称为瓦特的飞球调节器。但是，有时提高调速精度，反而使蒸汽机速度出现大幅度振荡，其后出现的其他自动控制系统也有类似现象发生。由于当时还没有自动控制理论，所以不能从理论上解释这一现象。有人认为系统振荡是因为调节器的制造精度不够，从而努力改进调节器的制造工艺，但始终不能完全解决系统振荡的问题。这种盲目的探索持续了大约一个世纪之久。

1868 年，英国的麦克斯韦（J. C. Maxwell）发表了论文《论调速器》，第一次指出不应该单独讨论一个离心锤，必须从整个控制系统出发推导出微分方程，然后讨论微分方程解的稳定性，从而从理论上分析实际控制系统是否会出现不稳定现象。麦克斯韦的这篇著名论文被公认为是自动控制理论的开端。

自动控制理论分析、设计自动控制系统的基本思想是将各种实际问题用微分方程等数学模型描述，然后用数学工具分析这些数学模型的特性，从而分析系统的性能，设计控制器的数学模型。

自动控制理论研究的对象是系统。人们在日常生活中会接触到很多系统，如经常提到的电力系统、机器系统、文教系统、卫生系统等。事实上，系统是一个很广泛的概念，一部机器、一个生物体、一条生产线、一个电力网都是一个系统，一个企业、一个社会组织也是一个系统。有小系统、大系统，也有把一个国家甚至整个世界作为对象的巨系统。

虽然系统的种类如此繁多，千差万别，但它们有一个共同的特点，就是都具有一定的功能，自身的各部分是互相依赖、互相制约的。例如，一条生产线是为了加工某个产品而设立的，生产线的各个部分存在一定的结构关系和运动关系。把系统的这一特征作为"系统"的定义。

由若干相互制约、相互依赖的事物组合而成的具有一定功能的整体称为系统。或者说，为实现规定功能以达到某一给定目标而构成的相互关联的一组元件称为系统。

由人工控制的系统称为手动控制系统。下面通过两个具体例子，分析手动控制的过程，从而可以看出自动控制系统需要解决的问题。

例 1-1　热力系统　图 1-2 所示为一个热力系统。通过调节蒸汽阀门，使流出的热水保持一定的温度。如果由人工控制，控制者观测温度计的指示值，调节蒸汽阀门的开度。调节方法：如果温度计的指示值高于期望值，则关小阀门，降低热水温度；否则开大阀门，升高热水温度，从而使流出的热水基本保持设定的温度。

例 1-2　直流电动机速度控制系统　图 1-3 所示为直流电动机速度控制系统。控制目标是使电动机按要求的转速稳定运行。从图中可见，对应滑动变阻器触点的某一位置，有一给定电压 U_g，它经过放大器放大为 U_d，即电动机电枢电压。在没有任何扰动的情况下，对应滑动变阻器触点的某一位置，有一电动机转速与之相对应。

如果负载恒定，电动机及放大器参数也不变化，那么，给定电压 U_g 不变，电动机转速也不会变。但这只是一种理想情况，实际上，电动机负载是经常变化的，电动机、放大器的参数也会发生漂移，因此，即使保持给定电压 U_g 不变，电动机转速也会变化，不能达到控制的目的。如果用人工控制，则通过观测转速表的指示值，调整滑动变阻器的触点位置以改变 U_g，从而使电动机的转速保持在期望值运行。例如，当负载增大使速度下降时，控制人员则调节触点位置，增大 U_g，使 U_d 增大，从而使电动机转速回升。

上述两个系统都是由人工控制的，可以看出，人在控制过程中起了三个作用。①观测：用眼睛去观测温度计和转速表的指示值。②比较与决策：人脑把观测得到的数据与要求的数据相比较，进行判断，根据给定的控制规律给出控制量。③执行：根据控制量用手具体调节，如调节阀门开度、改变触点位置。

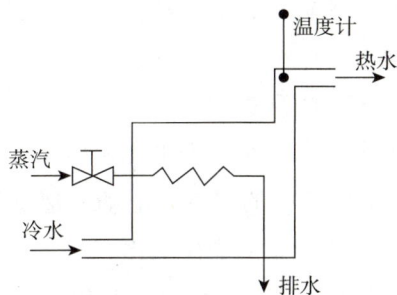

图 1-2 热力系统

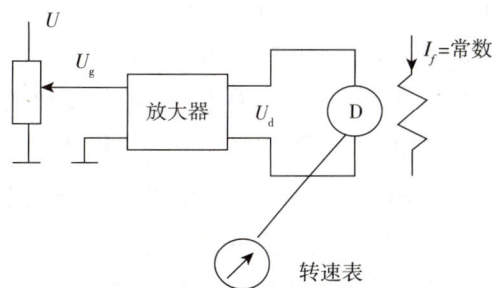

图 1-3 直流电动机速度控制系统

在自动控制中，则用控制装置代替人来完成上述功能。例如，自动控制热力系统（图 1-4）。

温度测量元件测出实际水温，并变换成电压信号，与给定水温的电压信号同时加在放大器输入端，即可比较大小，其差值信号经放大器放大后，驱动执行电动机，从而调节阀门的开度。例如，当实际水温偏低时，给定水温与实际水温的偏差是一正值，驱动执行电动机朝开启阀门方向运转，增大蒸汽流量，从而使水温上升；反之，当实际水温偏高时，给定水温与实际水温的偏差是一负值，驱动执行电动机朝关闭阀门方向运转，减小蒸汽流量，从而使水温下降。控制装置能够代替人进行控制。

直流电动机速度自动控制系统如图 1-5 所示。

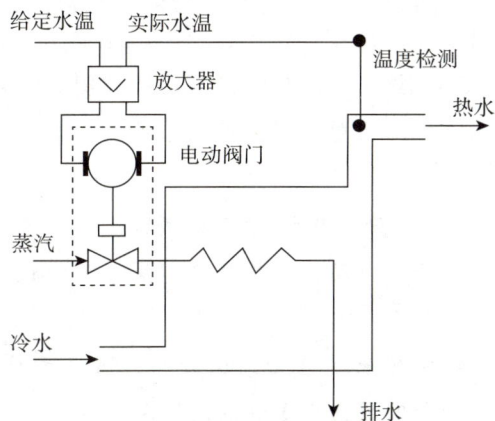

图 1-4 自动控制热力系统

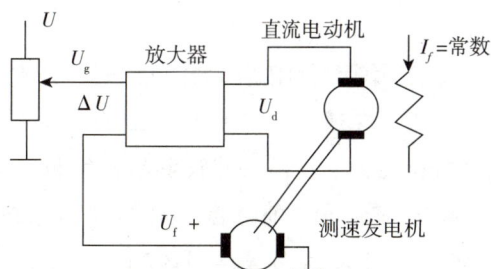

图 1-5 直流电动机速度自动控制系统

测速发电机的输出电压 U_f 与电动机转速成正比，当电动机转速比期望值大时，U_f 增大，$\Delta U = U_g - U_f$ 变小，U_d 变小，从而使电动机转速降低；反之，当电动机转速比期望值小时，U_f 小，$\Delta U = U_g - U_f$ 变大，U_d 变大，从而使电动机转速增加。因此，无论负载变化使电动机转速增大还是减小，控制器都能使电动机保持在期望转速运行。

在上述两个自动控制系统中，没有人参与控制，是系统本身进行自动控制来满足要求的。因此，所谓自动控制，就是在没有人参与的情况下，系统的控制器自动地按照人预定的要求控制设备或过程，使之具有一定的状态和性能。具有自动控制功能的系统称为自动控制系统。

在自动控制系统中，有许多变量或者信号。

1. 输入量 从系统外部施加到系统上而与该系统的其他信号无关的信号称为输入信号。输入信号包括参考输入和扰动输入。在控制系统中希望被控信号再现的恒定的或随时间变化的输入信号称为参考输入，简称为输入。而干扰系统被控量达到期望值的输入称为扰动输入，简称为扰动。例如，温度控制系统中的温度设定是参考输入，而蒸汽温度的变化、热水流量的变化等都是干扰热水温度恒定的，所以都是扰动输入。在电动机速度控制系统中，电位器给出的电压是参考输入，而电动机负载的变化、电网电压的波动等都是干扰电动机速度保持恒定的变量，是扰动输入。

在有些系统中，参考输入是随时间变化的，例如啤酒发酵、家禽孵化过程中，温度设定是时间的函数。而在自动火炮系统中，飞机的飞行轨迹是自动火炮系统的参考输入，是一个事先无法预料的信号。

2. 被控量   系统中被控制的量称为被控量。例如，温度控制系统中的温度、电动机速度控制系统中的电动机转速都是被控量。自动控制系统的作用就是使被控量按照期望的规律变化。

3. 控制量   控制器的输出称为控制量。例如，温度控制系统中的蒸汽阀门开度、电动机速度控制系统中的电枢电压都是控制量。

4. 输出量   控制系统输出的量称为输出量。在控制系统分析与设计中，系统的被控量常作为输出量。实际上，控制系统中需要监控的量都可以作为输出量。例如，系统的误差信号等。

🔗 **知识链接** -

自动控制原理学科的进展

1. 控制理论的发展   经典控制理论、现代控制理论和智能控制理论是自动控制原理的三个主要发展阶段。经典控制理论主要研究线性系统的控制问题，现代控制理论则主要研究非线性系统和多变量系统的控制问题，智能控制理论则是在经典控制理论和现代控制理论的基础上，引入了人工智能、机器学习等技术，实现了更加智能化的控制。

2. 控制方法的改进   除了传统的 PID 控制方法，自适应控制、鲁棒控制、最优控制等方法也在不断发展和完善。这些方法可以更好地应对复杂系统的控制问题，提高控制系统的性能和稳定性。

3. 应用领域的拓展   自动控制原理的应用领域不断拓展，除了传统的工业领域，还广泛应用于农业、交通、航空航天、医疗等领域。例如，在医疗领域，自动控制原理可以用于医疗设备的控制和优化，提高医疗设备的性能和安全性。

4. 与其他学科的融合   自动控制原理与其他学科的融合越来越紧密，例如与计算机科学、人工智能、机器学习等学科的融合，为自动控制系统的设计和实现提供了新的思路和方法。

第二节   自动控制系统的类型

自动控制系统根据分类的目的，可以用多种方法进行分类。了解控制系统的分类方法，就能在分析和设计系统之前，对系统有一个正确的认识。

下面介绍控制系统常见的几种类型及其性质。

一、开环、闭环与复合控制系统

控制系统按其结构，可分为开环控制系统、闭环控制系统和复合控制系统。

1. 开环控制系统 在例 1-2 的直流电电动机速度控制系统中，系统仅受控制量的控制，被控量对系统的控制没有作用，这也是开环控制系统的特点。借助于开环控制系统的这一特点，可以给出开环控制系统的定义：如果控制系统的被控量对系统没有控制作用，这种控制系统称为开环控制系统。开环控制系统的控制框图如图 1-6 所示。

在开环调速系统中，如果没有任何扰动，电动机将按期望的速度运行，但当有扰动时，例如负载的变化、电网电压的变化或者其他参数的变化，这些扰动就要影响电动机的转速，使它偏离期望值。为了使电动机在扰动的影响下也能自动地稳定到期望值，必须采用闭环控制系统。

2. 闭环控制系统或反馈控制系统 图 1-5 所示系统就是闭环控制系统。前面已经简单地分析了它的工作原理，可以看出，闭环控制系统有自动修正偏差的能力。现在考察闭环控制系统的特点。容易看出，这个系统不仅由给定电压进行控制，被控量也参与控制。或者说，是由给定量与被控量的反馈信号的差值进行控制，这就是闭环控制系统的特点，借助于这一特点给出如下闭环控制系统的定义：如果系统的被控量直接或间接地参与控制，这种系统称为闭环控制系统，或称为反馈控制系统。反馈控制系统的控制框图如图 1-7 所示。

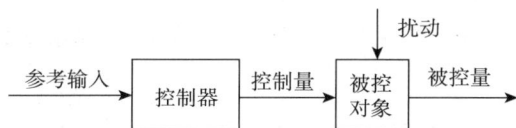

图 1-6 开环控制系统

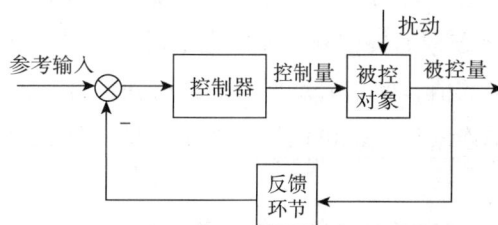

图 1-7 反馈控制系统

反馈控制系统分为正反馈和负反馈两种情况，上面说的是负反馈的情况。正反馈助长了系统扰动的影响，而负反馈则会抑制扰动的影响。

反馈是十分重要的概念，在自动控制中得到了广泛的应用。反馈控制系统的研究是本课程的重要内容。

3. 复合控制系统 开环控制的缺点是精度低，优点是控制稳定，不会产生闭环控制系统中可能出现的振荡情况。相反，闭环控制（负反馈）的优点是控制精度高，缺点是容易造成系统不稳定，这一问题早在瓦特发明飞球调节器时就引起了人们的注意。

为了发挥开环控制和闭环控制的优点，克服它们的缺点，人们在系统中同时引进开环控制和闭环控制，这种系统称为复合控制系统。复合控制系统的框图如图 1-8 所示。

图 1-8 复合控制系统

二、线性系统与非线性系统

线性系统满足叠加定理。反之，满足叠加定理的系统是线性系统。

在本课程中，着重讨论线性系统的分析和设计方法，这是因为对线性系统已经进行了长期的研究，形成了一套较为完整的分析和设计方法，并且在实践中已经获得相当广泛的应用。而非线性控制系统由于很难用数学方法处理，目前尚无解决各种非线性系统的通用方法。

需要指出的是，因为所有的物理系统在某种程度上都是非线性的，所以，线性系统只是一种理想模型，实际上是不存在的。但很多实际系统的输入、输出在一定的范围内基本上都是线性的，所以可以用线性系统（环节）这一理想模型来描述。

三、连续系统与离散系统

控制系统中存在着各种形式的信号。按照时间变量取值的连续性与离散性，可将信号分为连续时间信号与离散时间信号，简称为连续信号与离散信号。

1. 连续时间信号　如果在所讨论的时间间隔内，对于任意时间值（除若干不连续点外），都可以给出确定的值，此信号就称为连续时间信号。例如，正弦波、方波信号等都是连续信号。连续信号的幅值可以是连续的，也可以是离散的，即只取某些规定的值。对于时间和幅值都是连续的信号又称为模拟信号。

2. 离散时间信号　在时间上是离散的，只在某些不连续的规定瞬时给出函数值，而在其他时间上没有定义。离散时间信号的幅值可以是连续的，也可以是离散的。若离散信号的幅值是连续的，则又可称为采样信号。如果离散信号的幅值也被限定为某些离散值，即信号取值时间和幅值都是离散的，则又称为数字信号。例如：数字计算机的输入、输出信号就是数字信号。今后所讨论的离散信号可以是采样信号，也可以是数字信号，两者在分析方法上并无区别。

根据系统中的信号是连续信号还是离散信号，可以将系统分为连续时间系统和离散时间系统。若系统中所有信号都是连续信号，则称为连续时间系统，简称为连续系统；如果系统中有一处或几处的信号是离散信号，则称为离散时间系统，简称为离散系统。

严格说来，输入信号和输出信号都是离散信号的系统称为离散系统。例如，数字计算机本身就是一个离散系统。但实际控制工程中，离散系统一般与连续系统联用，例如，图 1-9 所示的计算机控制系统中，被控对象的输入信号 $r(t)$、输出信号 $c(t)$ 等均为连续信号，如果采用计算机控制，由于计算机处理的是二进制数据，其输入信号不能是连续信号，所以，误差信号 $e(t)$ 要经过模数（A/D）转换器变成计算机能接受的离散数字信号 $e(kT)$。这种将连续信号变为离散信号的过程称为采样。

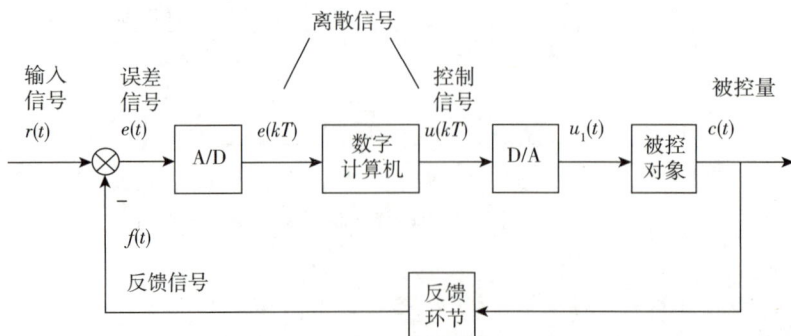

图 1-9　计算机控制系统

具有采样过程的离散控制系统通常又称为采样控制系统。若离散信号是以数码（数字）形式传递的，则又称为数字控制系统。计算机控制系统就是数字控制系统。采样系统与数字系统的分析和设计方法并无区别，所以，在大部分控制理论的著作中，都不对离散系统进行严格的区分，而是统称为离散系统。

在离散系统中存在采样、保持、数字处理等过程，具有一些独特的性能。随着计算机的发展，离散系统得到了越来越广泛的应用。

四、定常系统与时变系统

如果控制系统的结构、参数在系统运行过程中不随时间变化，则称为定常系统或者时不变系统；否则，称为时变系统。

绝大多数系统是定常系统，例如，前面介绍的热力系统、电机速度控制系统，它们的结构和参数在系统运行过程中可以认为是不变的。有些系统是时变系统。例如，火箭飞行控制系统就是典型的时变系统。因为火箭在飞行过程中燃料不断减少，火箭质量也就不断下降。又如热敏电阻的阻值随温度的变化而变化，当温度随时间变化时，也是一个时变系统。

虽然时变线性系统仍然是线性系统，但对它的分析与研究就比定常线性系统要复杂得多。

五、SISO 系统与 MIMO 系统

按照输入信号和输出信号的数目，可分为单输入单输出（SISO）系统和多输入多输出（MIMO）系统。

1. 单输入单输出系统　通常称为单变量系统，这种系统只有一个输入（不包括扰动输入）和一个输出，一般如图 1 – 10（a）所示。

2. 多输入多输出系统　通常称为多变量系统，这种系统有多个输入和输出，一般如图 1 – 10（b）所示。单变量系统可以作为多变量系统的特例。

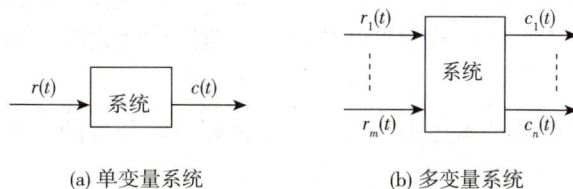

(a) 单变量系统　　　　　(b) 多变量系统

图 1 – 10　单变量系统与多变量系统

六、集中参数系统与分布参数系统

1. 集中参数系统　如果在系统分析与设计中，可以把一个系统看作有限多个理想的分立部件的总体，这类系统称为集中参数系统，例如，电阻、电容、电感、阻尼、弹簧、质量等。集中参数系统由常微分方程描述。

2. 分布参数系统　如果系统只能看作由无穷多个无穷小的分立部件组成，则该系统为分布参数系统，它由偏微分方程描述。例如，导线上的电压分布是时间和地点的函数，因此只能以偏微分方程描述，是一个分布参数系统。

分布参数系统的分析和设计比较复杂，本书不涉及这部分内容。

第三节 控制系统性能的基本要求

在自动控制理论中，对控制系统性能的要求，主要是稳定性、暂态性能和稳态性能几个方面。

1. 稳定性 是控制系统最基本的性能。所谓稳定性，是指控制系统偏离平衡状态后，能自动恢复到平衡状态的能力。

当系统受到扰动后，其状态偏离了平衡状态，当此扰动撤销后，如果系统的输出响应在随后时间内能够最终回到原先的平衡状态，则系统是稳定的；反之，如果系统的输出响应逐渐增加趋于无穷，或者进入振荡状态，则系统是不稳定的。

2. 暂态性能 对于稳定的系统，虽然理论上能够到达平衡状态，但还要求能够快速到达，而且在调节过程中，要求系统输出超过给定的稳态值的最大偏差不要太大，要求调节的时间比较短，这些性能称为暂态性能。系统的超调量刻画了系统的振荡程度，它反映了系统的相对稳定性。超调量大的系统容易不稳定，所以相对稳定性差，而超调量小的系统的相对稳定性好。

3. 稳态性能 当暂态过程结束、系统达到新的稳态时，要求系统的输出等于系统给定值所期望的值，但实际上可能存在误差。在自动控制理论中，系统稳态输出与期望值的误差称为稳态误差。系统的稳态误差衡量了系统的稳态性能。由于系统一般工作在稳态，稳态精度直接影响产品的质量，例如，造纸过程中的纸张厚度控制、啤酒发酵过程中的温度控制等，所以稳态性能是控制系统最重要的性能指标之一。

系统的暂态性能和稳态性能常常是矛盾的。由于控制系统的功能要求不同，所以对系统暂态性能和稳态性能的要求往往有所侧重。例如，对于恒温控制、调速系统等定值调节系统，主要侧重于系统的稳态性能；而对于随动系统则侧重于暂态性能，要求能够快速调节，跟上输入量的变化。

对于实际的控制系统，除了上述要求以外，还有其他方面的要求。这里简单介绍一下系统鲁棒性（robustness）的概念。如果系统的参数或者结构在一定范围内变化时，系统仍然保持某个性能，则称系统的这个性能是鲁棒的。如果系统的参数或者结构在一定范围内变化时，系统仍然保持稳定，则称系统是鲁棒稳定的。

上面简单介绍了对控制系统的基本要求，这是本书将要着重分析的几个方面，关于精确的定义和分析方法，将在后面有关章节中详细介绍。

目标检测

答案解析

一、选择题

1. 下列系统属于开环控制的为（   ）。

    A. 自动跟踪雷达　　　　B. 无人驾驶车　　　　C. 普通车床　　　　D. 家用空调器

2. 下列系统属于闭环控制系统的为（   ）。

    A. 自动化流水线　　　　B. 传统交通红绿灯控制　C. 普通车床　　　　D. 家用电冰箱

3. 下列系统属于定值控制系统的为（   ）。

    A. 自动化流水线　　　　B. 自动跟踪雷达　　　　C. 家用电冰箱　　　　D. 家用微波炉

4. 下列系统属于随动控制系统的为（　　）。

　　A. 自动化流水线　　　　B. 火炮自动跟踪系统　　　C. 家用空调器　　　　D. 家用电冰箱

5. 下列系统属于程序控制系统的为（　　）。

　　A. 家用空调器　　　　　　　　　　　B. 传统交通红绿灯控制

　　C. 普通车床　　　　　　　　　　　　D. 火炮自动跟踪系统

6. 按照系统给定值信号特点定义的控制系统是（　　）。

　　A. 连续控制系统　　　　B. 离散控制系统　　　C. 随动控制系统　　　D. 线性控制系统

7. 下列不属于自动控制系统基本方式的是（　　）。

　　A. 开环控制　　　　　　B. 闭环控制　　　　　C. 前馈控制　　　　　D. 复合控制

二、简答题

简述负反馈控制系统的基本原理及基本组成。

书网融合……

本章小结

第二章 自动控制系统的数学模型

学习目标

1. 掌握 控制系统数学模型的建立方法和过程；传递函数的定义；结构图的组成和绘制。

2. 熟悉 应用拉氏变换求解微分方程和线性系统的基本特性；典型环节的传递函数；结构图的等效变换和简化；信号流图的绘制。

3. 了解 传递函数零极点及其对输出的影响；信号流图的组成、性质。

4. 学会系统动态结构图的等效变换；能够通过等效变换来求系统的传递函数；具有建立基本系统微分方程、传递函数、动态结构图的基本能力。

⇒ 案例分析

实例 胰岛素泵是一种用于糖尿病管理的重要医疗器械。糖尿病患者需要精确的胰岛素输注并维持血糖在合理范围内，手动调节胰岛素剂量往往存在不准确性和滞后性。在胰岛素泵中，建立一个基于患者血糖水平、饮食摄入（碳水化合物量等）、运动情况、身体代谢率等多因素的数学模型，可以实时监测血糖，通过传感器持续获取患者血糖数据。模型将当前血糖值与目标血糖范围进行比较，并结合其他相关因素进行计算。根据计算结果自动调整胰岛素的输注速率，实现更及时、精准的血糖控制。

问题 通过自动控制数学模型应用，胰岛素泵的性能在哪些方面有大的提升？

第一节 系统数学模型

要分析和衡量实际生活中的物理系统并分析系统的暂态和稳态性能，必须首先抽象出其数学模型，掌握其内在变化规律。自控理论方法是先将系统抽象出数学模型，然后用数学的方法处理。控制系统的数学模型是描述系统内部各物理量（或变量）之间关系的数学表达式，或图形表达式，或数字表达式。在实际物理系统中，无论是电路系统、机械系统、液压系统、热工系统，还是经济学、生物学系统，它们都有着不同的物理特性，但它们都具有最基本的相似性，就是都可以用微分方程来描述。不同的物理系统可以具有相似的数学模型，建立系统的数学模型是进行系统分析的首要任务。

建立系统的数学模型简称为建模。目前，常用的建立数学模型的方法主要有两大类。

1. 分析法 根据系统遵循的物理、化学、能量守恒等定律，推导出描述系统运动的数学表达式，建立系统的数学模型。例如，电学中的基尔霍夫定律、力学中的牛顿定律、热力学中的热力学定律等。

2. 实验法 即给系统或元器件施加一定形式的信号（阶跃、脉冲、速度、加速度等），根据系统或元器件的输出响应，经过数据处理而辨识出系统的数学模型，也称为系统辨识。系统辨识已经成为一门独立的学科分支。

建立系统数学模型的两种方法中，分析法适用于简单、典型、通用常见的系统；实验法适用于复杂、非常见的系统。实际上将解析法和实验法两者结合起来建立系统的数学模型更为有效。

实际物理系统多为不同程度的非线性、时变，甚至还带有分布参数因素，用精确的数学模型描述各变量之间的关系是很困难的。在实际工程中，一般忽略一些次要因素，又不影响分析系统的准确性。若忽略非线性因素，且参数是集中、定常时，则系统可以用线性、定常微分方程来描述。

在自动控制理论中，由于解决的问题、分析方法不同，数学模型有多种形式。例如：时域的微分方程、差分方程、状态方程；复数域的传递函数、结构图；频域的频率特性、Bode 图等。这些数学模型一般都是可以相互转换的，它们是经典控制理论中常用的时域分析方法、频域分析方法等所使用的数学工具。

本章着重研究线性定常参数控制系统微分方程（运动方程）、传递函数、动态结构图以及信号流图等几种数学模型。

第二节　控制系统的微分方程

描述系统的输入量和输出量之间关系的最直接的数学方法是列写系统的微分方程。当系统的输入量和输出量都是时间 t 的函数时，其微分方程可以确切地描述系统的运动过程。它是系统的最基本数学模型。建立系统的微分方程，首先要了解系统的各部分组成、工作原理，而后根据系统遵循的物理或化学定律列写系统输入和输出量之间的动态关系式，即微分方程。

建立系统微分方程的一般步骤如下。

（1）分析系统或各元件的工作原理，找出各物理量之间的关系，明确输入、输出量。

（2）按照各物理量遵循的定律，建立输入、输出量的动态联系，一般为一个方程组。

（3）消去中间变量或对原始方程进行数学处理，忽略次要因素，如进行线性化处理，简化原始方程。

（4）标准化微分方程，将输出量写在方程的左边，输入量写在方程的右边，并按降幂排列。

现实生活中的物理系统有很多种类，有电路、机械、液压、热工等系统。在此以几种典型的系统为例建立系统的微分方程。

一、机械系统

在机械系统中，常用的三种理想化的要素是质量、弹簧和阻尼器，这里主要讲述机械系统直线上的运动。其运行机制常有牛顿运动定律。

例 2-1　带阻尼器的质量弹簧系统如图 2-1 表示，它由弹簧、质量块、阻尼器组成，试列写位移 $y(t)$ 与外力 $F(t)$ 之间的动态方程。

解：弹性力 $F_1 = -ky$，阻尼力 $F_2 = -fv$，$v = \dfrac{dy}{dt}$，$a = \dfrac{d^2 y}{dt^2}$

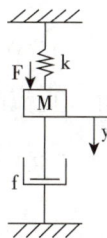

图 2-1　带阻尼的质量弹簧机械系统

由牛顿力学定律 $\sum F = Ma$ 可得：

$$F(t) - ky - f\frac{dy}{dt} = M\frac{d^2 y}{dt^2} \qquad (2-1)$$

$$M\frac{d^2 y}{dt^2} + f\frac{dy}{dt} + ky = F(t) \qquad (2-2)$$

显然式（2-2）是一个二阶线性微分方程，也就是图 2-1 所示机械系统的数学模型。方程中并未出现质量块的重力，这是因为重力只是引起了弹簧的初始形变，由于将系统中位移坐标原点选择在系统静止时的位置，即初始形变之后，故重力的作用对微分方程没有影响。

二、电路系统

电路系统的最基本元部件是电阻、电感和电容。而建立电路系统数学模型的基本定律是基尔霍夫电流（KCL）和基尔霍夫电压定律（KVL）。基尔霍夫电流表明：在任一瞬间流入某一结点的电流之和等于流出该结点的电流之和。基尔霍夫电压定律表明：在任一瞬间沿任一环路循行方向，回路中各段电压的代数和恒等于零。

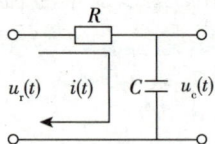

例 2 – 2 列写如图 2 – 2 所示 RC 无源网络的微分方程。

解：为便于分析，引入中间变量 $i(t)$，$i(t)$ 为流经电阻 R 和电容 C 的电流，方向如图 2 – 2 所示。根据基尔霍夫电流和电压定律可得：

$$i = C\frac{du_c}{dt}, \quad u_1 + u_c = u_r, \quad RC\frac{du_c}{dt} + u_c = u_r$$

图 2 – 2   RC 无源网络

令 $T = RC$（时间常数），可得：

$$T\frac{du_c}{dt} + u_c = u_r \tag{2-3}$$

显然式（2 – 3）为一个一阶线性微分方程，也即图 2 – 2 所示 RC 无源网络的数学模型。在后续章节中将会继续研究以该 RC 无源网络为典型模型的惯性环节、一阶系统阶跃响应以及频率特性概念等问题。

三、直流电动机系统

例 2 – 3 列写如图 2 – 3 所示直流电动机的微分方程式。

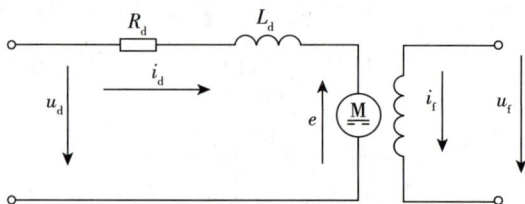

图 2 – 3   直流电动机

解：直流电动机各物理量之间的基本关系如下：

$$u_d = i_d R_d + L_d\frac{di_d}{dt} + e$$

$$T_d = K_T \Phi i_d$$

$$e = K_e \Phi n$$

$$T_d - T_L = J_G\frac{dn}{dt}$$

式中，u_d 为电枢电压；e 为电枢电动势；i_d 为电枢电流；R_d 为电枢电阻；L_d 为电枢漏电感；T_d 为电磁转矩；T_L 为摩擦和负载阻力矩；Φ 为磁通；K_T 为转矩常数；K_e 为电动势常数；n 为转速；J_G 为转动惯量。

主要分析电枢电压 u_d 对电动机转速 n 的影响。得到电枢电压控制的直流电动机的微分方程式：

$$\tau_m \tau_d\frac{d^2 n}{dt^2} + \tau_m\frac{dn}{dt} + n = \frac{1}{K_e \Phi}u_d - \frac{R_d}{K_e K_T \Phi^2}\left(\tau_d\frac{dT_L}{dt} + T_L\right) \tag{2-4}$$

式中，τ_m为电动机的机电时间常数；τ_d为电枢回路的电磁时间常数

显然式（2-4）为一个二阶线性微分方程。可以看出：电动机的转速与电动机自身的固有参数 τ_m 和 τ_d 有关，与电枢电压 u_d、负载转矩 T_L 以及负载转矩对时间的变化有关。

第三节　传递函数

自动控制系统的微分方程是一种在时域描述系统输入变量和输出变量之间动态关系的数学模型。在给定外输入信号和初始条件下，通过求解微分方程，可以得到系统的输出响应。这种分析系统的方法较直观，尤其是借助于计算机辅助求解，将会准确而快速地得到微分方程的解。但当系统的结构或者某参数发生变化时，再求系统输出响应，就需要重新列写微分方程再求解，这样就很难得到一个规律性的结论，不便于对系统进行分析和设计。

为此，在用拉普拉斯变换的方法对微分方程进行求解的过程中，得到了一种复域中的数学模型——传递函数，它不仅可以表征控制系统的输入和输出变量的动态特性，而且可以用来探究系统结构和参数变化对系统输出的影响。在后续章节中的频率法都是建立在传递函数的基础上的，故传递函数是自动控制理论中最基本，也是最重要的概念。

一、传递函数的概念

假设一个一般的线性定常系统或元件，其微分方程的一般形式为：

$$a_0\frac{d^n x_c}{dt^n} + a_1\frac{d^{n-1} x_c}{dt^{n-1}} + \cdots a_{n-1}\frac{dx_c}{dt} + a_n x_c \tag{2-5}$$

$$= b_0\frac{d^m x_r}{dt^m} + b_1\frac{d^{m-1} x_r}{dt^{m-1}} + \cdots + b_{m-1}\frac{dx_r}{dt} + b_m x_r$$

式中，x_r 为系统输入量，x_c 为系统输出量；$a_i(i=0,1,2,\cdots,n)$ 和 $b_j(j=0,1,2,\cdots,n)$ 为与系统或元件结构、参数有关的常系数。

当初始条件为 0 时，根据拉氏变换的微分定理，对式（2-5）进行拉氏变换得：

$$a_0 s^n X_c(s) + a_1 s^{n-1} X_c(s) + \cdots + a_{n-1}s X_c(s) + a_n X_c(s)$$

$$= b_0 s^m X_r(s) + b_1 s^{m-1} X_r(s) + \cdots + b_{m-1}s X_r(s) + b_m X_r(s) \tag{2-6}$$

则

$$X_c(s) = \frac{b_0 s^m + b_1 s^{m-1} + \cdots + b_{m-1}s + b_m}{a_0 s^n + a_1 s^{n-1} + \cdots + a_{n-1}s + a_n} X_r(s) \tag{2-7}$$

传递函数是在零初始条件下，系统（或元件）输出量的拉氏变换与输入量的拉氏变换之比。零初使条件是指当 $t \leqslant 0$ 时，系统的输入量、输出量以及它们的各阶导数均为零。

$$传递函数 = \frac{输出量的拉氏变换}{输入量的拉氏变换}\Big|_{零初始条件}$$

这里的"初始条件为 0"有两方面含义：一是指输入作用是 $t=0$ 后才加于系统的，因此输入量及其各阶导数在 $t=0^-$ 时的值为零；二是指输入信号作用于系统之前系统是稳态平衡的，即 $t=0^-$ 时系统的输出量的变化量及各阶导数为零。现实的工程控制系统多属此类情况，因此，传递函数可表征控制系统的动态性能。

$$W(s) = \frac{X_c(s)}{X_r(s)} = \frac{b_0 s^m + b_1 s^{m-1} + \cdots + b_{m-1} s + b_m}{a_0 s^n + a_1 s^{n-1} + \cdots + a_{n-1} s + a_n}$$

传递函数表示输入、输出之间信号的传递关系。可以用方框图来表示。如图 2-4 所示。

$$U_r(s) \longrightarrow \boxed{\frac{1}{Ts+1}} \longrightarrow U_c(s)$$

图 2-4　RC 网络信号传递方框图

方框代表 $W(s)$ 所描述系统或元件，指向方框的带箭头直线为输入信号线，$U_r(s)$ 为输入信号，离开方框的带箭头直线为输出信号线，$U_c(s)$ 为输出信号，则图 2-4 信号的传递关系也可以表示为：

$$U_c(s) = W(s) U_r(s) \tag{2-8}$$

可以看出，求出系统（或元件）的微分方程后，只要把微分方程式中各阶导数用相应阶次的变量 s 代替，就可以求得系统（或元件）的传递函数。

二、传递函数的性质

（1）传递函数是对线性定常微分方程通过拉氏变换推导出来的，它和微分方程一样，作为线性定常系统的一种动态数学模型，不同的物理系统可以具有相同的传递函数。

（2）传递函数是系统本身的一种属性，只是取决于系统内部的结构与参数，与输入信号的大小和性质无关。系统输入量与输出量的因果关系可以用传递函数联系起来。

（3）传递函数是复变量 s 的有理真分式函数，具有复变函数的所有性质。分母中的最高阶次 n 为系统的阶次，$n \geq m$，这是因为任何一个物理系统或元件的能源是有限的，而且都有惯性。所有系数均为实数，因为传递函数是线性定常系统的一种动态数学模型。

（4）一定的传递函数有一定的零、极点分布图与之对应。传递函数的分子和分母多项式经过因式分解后，可得到下面形式：

$$G(s) = K_r \frac{(s-z_1)(s-z_2)\cdots(s-z_m)}{(s-p_1)(s-p_2)\cdots(s-p_n)} = K_r \frac{\prod_{i=1}^{m}(s-z_i)}{\prod_{j=1}^{n}(s-p_j)} \tag{2-9}$$

式中，$K_r = b_0/a_0$，是传递函数常数用零、极点形式表示时的传递系数；z_1、$z_2 \cdots z_m$ 为分子多项式 $M=0$ 的根，称为零点；p_1、$p_2 \cdots p_m$ 为分母多项式 $N=0$ 的根，称为极点。

（5）传递函数是系统单位脉冲响应的拉氏变换，或者说传递函数的拉氏反变换是系统脉冲响应。

（6）传递函数这一动态数学模型具有一定局限性，一是它只能研究单输入、单输出的系统，对于多输入、多输出的系统需要用传递函数矩阵表示。二是它只能表示输入和输出量之间的关系，不能反映输入量与各中间变量的关系。这是经典控制理论的不足之处。三是它只是系统的零状态模型，对于非零初始状态的系统运动特性不能反映，需要回到微分方程，考虑初始条件重新用拉氏变换求出系统响应。

综上所述，虽然传递函数具有一定的局限性，但它有现实意义，而且容易实现，对控制系统的分析起着极其重要的作用。

三、典型环节的传递函数

在实际工程中，有各种不同性质的物理系统，但可以用相同的数学模型来描述，例如，对于一个一般的系统传递函数可表示为如下形式：

$$W(s) = \frac{X_c(s)}{X_r(s)} = \frac{b_0 s^m + b_1 s^{m-1} + \cdots + b_{m-1} s + b_m}{a_0 s^n + a_1 s^{n-1} + \cdots + a_{n-1} s + a_n}$$

$$= \frac{k s^v \prod\limits_{i=1}^{h} (\tau_i s + 1) \prod\limits_{j=1}^{l} (\tau_j^2 s^2 + 2\xi_j \tau_j s + 1)}{s^\gamma \prod\limits_{i=1}^{k} (T_i s + 1) \prod\limits_{j=1}^{q} (T_j^2 s^2 + 2\zeta_j T_j s + 1)} \tag{2-10}$$

式中，k，τ_i，τ_j，T_i，T_j，ξ_j，ζ_j 均为实数，并且 $v + h + 2l = m$，$\gamma + k + 2q = n$。

从式（2-10）可以看出，传递函数 $W(s)$ 由若干基本因子相乘，每个基本因子即典型环节，下面介绍几种常见的典型环节。

1. 比例环节 也称放大环节，它的输入、输出量成比例，输出量以一定比例复现输入信号，并且无失真和时间延迟。

其运动方程和传递函数如下：

$$y(t) = Kr(t) \tag{2-11}$$

其中，K 为放大系数，为一常数。传递函数为：

$$G(s) = \frac{Y(s)}{R(s)} = K \tag{2-12}$$

实际系统中的电子放大器、齿轮，电阻（电位器），感应式变送器等都属于此类。

2. 惯性环节 含有储能元件，故对突变的输入信号输出不能立即复现，输出无振荡。其输出量和输入量的关系，由下面的常系数非齐次微分方程式来表示：

$$T \frac{dy(t)}{dt} + y(t) = kr(t) \tag{2-13}$$

传递函数为：

$$G(s) = \frac{Y(s)}{R(s)} = \frac{K}{Ts + 1} \tag{2-14}$$

式中，T 为惯性环节的时间常数。

自动控制系统中 RC 网络、直流伺服电动机的传递函数也包含这一环节。

3. 积分环节 其输出量与输入量的积分成正比例，当输入消失，输出具有记忆功能。其输出量和输入量的关系，由下面的微分方程式来表示：

$$y(t) = K \int r(t) dt \tag{2-15}$$

传递函数为：

$$G(s) = \frac{Y(s)}{R(s)} = \frac{K}{s} \tag{2-16}$$

实际系统中电动机角速度与角度间的传递函数、模拟计算机中的积分器等都属于典型的积分环节。

4. 微分环节 微分环节是自动控制系统中经常应用的环节，输出量正比输入量变化的速度，能预示输入信号的变化趋势。理想的微分环节的输出和其输入量的导数成比例，即：

$$y(t) = \tau \frac{dr(t)}{dt} \tag{2-17}$$

其传递函数为：

$$G(s) = \frac{Y(s)}{R(s)} = \tau s \tag{2-18}$$

式中，τ 为微分环节的时间常数。

实际的测速发电机输出电压与输入角度间的传递函数为微分环节。

5. 振荡环节 包含有两个储能元件，当输入量发生变化时，两个储能元件的能量相互交换。在阶跃信号作用下，其暂态响应可能做周期性的变化。其输出量和输入量的关系，可由下面的二阶微分方程式来表示：

$$T^2 \frac{d^2 y(t)}{dt^2} + 2\zeta T \frac{dy(t)}{dt} + y(t) = Kr(t) \tag{2-19}$$

其传递函数为：

$$G(s) = \frac{Y(s)}{R(s)} = \frac{K}{T^2 s^2 + 2\zeta Ts + 1} \tag{2-20}$$

如 RLC 电路的输出与输入电压间的传递函数。

6. 延迟环节 又称延时环节或时滞环节，延迟环节的输出量经过一段时间的延时后完全复现输入信号，其输出量和输入量的关系，由下面方程式来表示：

$$y(t) = r(t - \tau) \tag{2-21}$$

其传递函数为：

$$G(s) = \frac{Y(s)}{R(s)} = e^{-\tau s} \tag{2-22}$$

式中，τ 为延迟时间。

在实际系统中，管道压力、流量等物理量的控制，其数学模型就包含有延迟环节。

以上只是一些典型的基本环节，而许多复杂的元件或系统可以看作上述某些环节的组合。需要指出的是，组成系统的元部件与本节引入的典型环节的概念不同。一个系统由若干个元部件组成，每一个元部件的传递函数可以是一个典型环节，也可以包括几个典型环节。相反，一个典型环节也可以由几个元部件或一个系统的传递函数构成。典型环节是研究复杂控制系统的基础。

> **🔗 知识链接**
>
> ### 传递函数
>
> 传递函数的概念起源于控制工程领域。20 世纪 40 年代至 50 年代，随着对控制系统分析和设计需求的增加，人们开始寻求一种简洁有效的方法来描述系统的动态特性。在这个过程中，传递函数逐渐发展起来。
>
> 传递函数最早是由美国工程师奈奎斯特、波特等在研究控制系统的频率响应时提出和使用的。通过传递函数，可以方便地分析系统的稳定性、响应特性等重要性能，为控制系统的设计和优化提供了重要工具。
>
> 蒋筑英是中国在传递函数方面的重要贡献者之一。他辛勤探索、忘我工作，研制出我国第一台光学传递函数测试装置。蒋筑英在光学传递函数研究方面取得了一系列重要成果。他的工作为我国光学事业的发展奠定了基础，对国产镜头的研制和电影、电视事业的发展做出了突出贡献。

第四节　系统动态结构图

动态结构图是表示组成控制系统的各个元件之间信号传递动态关系的图形，它表示了系统中各变量之间的因果关系以及对各变量所进行的运算，是控制理论中描述复杂系统的一种简便方法。系统中每个元件用一个或几个方框图表示，而后，根据信号传递先后顺序用信号线按一定方式连接起来，就构成了系统的动态结构图。由于其便于分析和计算，因而得到了广泛应用。

一、动态结构图的组成

动态结构图是由许多对信号进行单向运算的方框和一些信号流向线组成，它主要由四种基本单元构成。

1. 信号线　是带有箭头的直线，箭头表示信号传递的方向，信号线上任一点处的信号相同。信号只能沿箭头方向流通，具有单向性。信号线上标信号的原函数或象函数。如图 2-5 所示。

2. 方框　也称为环节，方框中为元部件或系统的传递函数，它起到对信号的运算、转换作用。如图 2-6 所示。

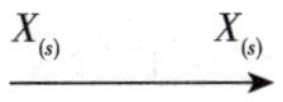

$X_{(s)}$　$X_{(s)}$

图 2-5　信号线

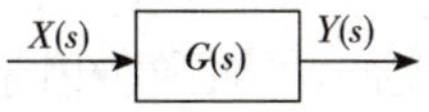

$X(s)$　$G(s)$　$Y(s)$

图 2-6　方框

传递函数方框的输出信号 $Y(s)$、输入信号 $X(s)$ 与传递函数 $G(s)$ 之间满足以下关系式：

$$Y(s) = G(s) \cdot X(s)$$

3. 引出点　也称为分支点，它表示信号引出或测量位置，由于信号线上只传送信号，不传送能量，因此从同一点引出的信号在数值和性质方面完全相同。如图 2-7 所示。

4. 综合点　也称为比较点或相加点，表示对两个以上信号进行代数和运算。"＋"表示相加，可以省略不写；"－"号表示相减。$Y(s) = X_1(s) \pm X_2(s)$ 如图 2-8 所示。

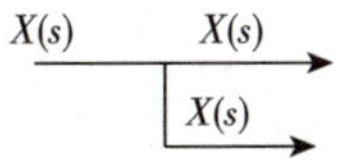

$X(s)$　$X(s)$

$X(s)$

图 2-7　引出点

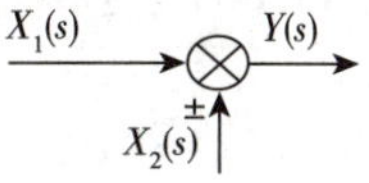

$X_1(s)$　$Y(s)$

$X_2(s)$

图 2-8　综合点

二、系统动态结构图的建立

结构图也是控制系统的一种数学模型，它可以清晰地表明系统中信号的流向，还可以简明表示系统中各部分的连接关系，虽然系统结构图是从系统元件的数学模型得到的，但结构图中的方框与实际系统的元件并非一一对应。一个实际元件可以用一个或几个方框表示，而一个方框也可以表示几个元部件或一个子系统，还可以是一个大的复杂系统。

结构图实质上是系统原理图和数学方程两者的结合，既补充了原理图所缺少的定量描述，又避免了纯数学的抽象运算，从结构图可以方便求得系统的传递函数。

建立动态结构图的一般步骤为如下。

（1）确定系统中各元件或环节的传递函数。

（2）绘出各环节的方框图，方框中标出其传递函数，并以带箭头的信号线和字母表明其输入和输出量。

（3）根据信号在系统中的流向，依次将各框图连接起来，便构成了系统的动态结构图。

例 2-4　建立如图 2-9 所示的 RC 串联电路的动态结构图。

解：建立各变量之间的关系表达式：

$$U_R(s) = U_r(s) - U_c(s) \qquad (2-23)$$

$$I(s) = \frac{1}{R} \cdot U_R(s) \qquad\qquad (2-24)$$

$$U_C(s) = \frac{1}{Cs} \cdot I(s) \qquad\qquad (2-25)$$

将各表达式用传递函数方框和综合点进行表示，得到系统元件结构图，如图 2-10 所示。

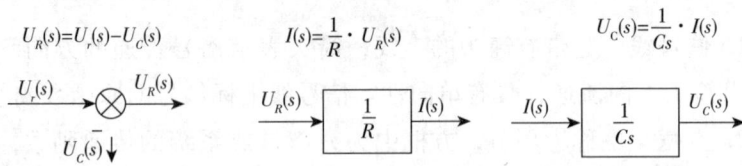

图 2-9 RC 网络　　　　　　　　　图 2-10　系统元件结构图

依据信号的流向，将图中相同的信号连起来，组成 RC 串联电路的动态结构图。如图 2-11 所示。

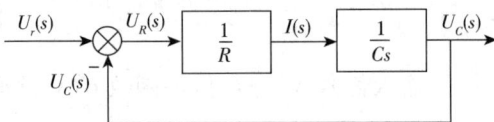

图 2-11　RC 串联电路的动态结构图

需要注意的是，绘制动态结构图时，系统给定的输入信号一般在方框图的最左边，输出信号在方框图的最右边。注意信号流向，相同信号进行连接。

三、传递函数和结构图的等效变换

建立了系统的动态结构图，便可直观地了解系统内部各变量之间的动态关系，这对系统的动态分析和系统设计都是至关重要的。而为了便于系统分析和求出其传递函数，常需将复杂的动态结构图进行化简。在动态结构图中，主要有串联、并联和反馈三种连接方式，故求动态结构图的简化形式，需要进行三种基本连接形式的等效变换。等效变换的思路是在保证信号传递关系不变的条件下，设法将原结构逐步地进行归并和简化，最终变换为输入量对输出量的一个方框。

1. 动态结构图的等效变换

（1）方框串联连接及其等效变换　两个方框内传递函数分别为 $G_1(s)$ 和 $G_2(s)$，方框 $G_1(s)$ 的输出 $X(s)$ 作为方框 $G_2(s)$ 的输入变量，且两方框中间没有引出点或综合点，如图 2-12 所示，称这样的连接方式为串联连接图。2-12（a）可以等效为图 2-12（b）。

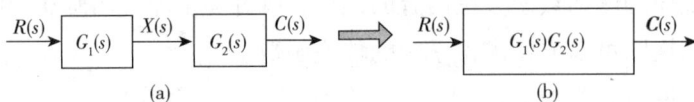

图 2-12　串联连接等效变换

可得：

$$G(s) = \frac{C(s)}{R(s)} = \frac{C(s)}{X(s)} \times \frac{X(s)}{R(s)} = G_1(s) G_2(s) \qquad\qquad (2-26)$$

式（2-26）表明：两个方框串联连接可以等效为一个方框，其传递函数为两个方框传递函数的乘积。可以推广到：多个方框串联连接，可等效为一个方框，其传递函数为各个方框传递函数之积。

（2）方框并联连接及其等效变换　两个方框内传递函数分别为 $G_1(s)$ 和 $G_2(s)$，若它们具有相同的输入量，输出量等于两个方框传递函数的代数和，如图 2-13 所示，称这样的连接方式为并联连接。2-13（a）可以等效为图 2-13（b）。

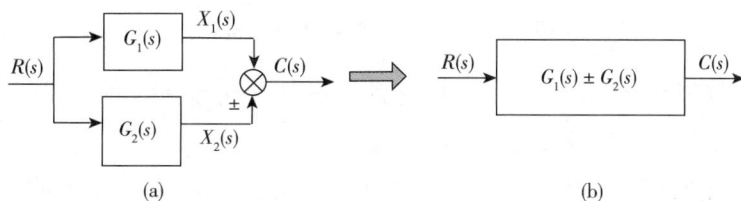

图 2-13　并联连接等效连接

因为

$$C(s)=X_1(s)+X_2(s)=G_1(s)R(s)\pm G_2(s)R(s)=[G_1(s)\pm G_2(s)]R(s) \qquad (2-27)$$

由此得：

$$G(s)=\frac{C(s)}{R(s)}=G_1(s)\pm G_2(s) \qquad (2-28)$$

由上述推导可以做出如下推广：多个方框并联连接，可等效为一个方框，其传递函数为各个方框传递函数之代数和。

（3）方框反馈连接及其等效变换　传递函数分别为 $G_1(s)$ 和 $H(s)$ 的两个方框，按照图 2-14（a）所示的连接形式，称为反馈连接。对于一个反馈结构，按照信号的传递方向，闭环回路可以分为两个通道：前向通道和反馈通道。前向通道传递正向信号，通道中的传递函数称为前向通道传递函数，如图 2-14（a）中的 $G_1(s)$，反馈通道是将输出信号反馈到输入端，反馈通道中的传递函数称为反馈通道传递函数，如图 2-14（a）中的 $H(s)$。

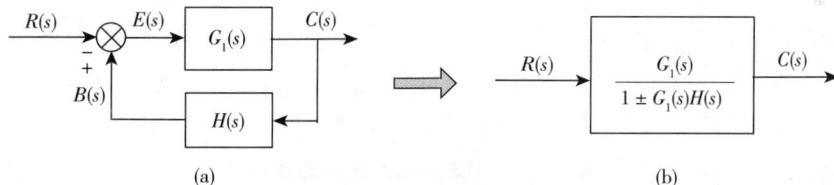

图 2-14　反馈连接等效变换

反馈有正反馈和负反馈两种形式，"-"表示负反馈，即输入信号 $R(s)$ 与反馈信号 $B(s)$ 相减，"+"表示正反馈，即输入信号 $R(s)$ 与反馈信号 $B(s)$ 相加。

图 2-14（a）可以等效为图 2-14（b），因为

$$C(s)=G_1(s)E(s)=G_1(s)[R(s)\pm H(s)C(s)] \qquad (2-29)$$

$$C(s)[1\pm G_1(s)H(s)]=G_1(s)R(s) \qquad (2-30)$$

$$\frac{C(s)}{R(s)}=\varphi(s)=\frac{G_1(s)}{1\pm G_1(s)H(s)} \qquad (2-31)$$

即闭环传递函数为：

$$\varphi(s)=\frac{主通道传函}{1\pm 主通道传函\times 反馈通道传函}$$

式中，"+"号对应负反馈，"-"号对应正反馈。

当反馈通道的传递函数 $H(s)=1$，称为单位反馈系统。如图 2-15 所示。

图 2-15 单位反馈连接等效变换

在较为复杂的闭环控制系统中，除了主反馈之外，还具有互相交错的局部反馈，为简化系统结构，常需要将信号的引出点或相加点进行位置变换后再运算。

（4）综合点、引出点的移动 在实际物理系统中，有时需要将几个信号同时送到一个加法器中处理，有时信号太多，加法器输入头不够，需要送到几个加法器中，然后再将这些一次综合后的信号再送到一个加法器中，进行二次综合。这个过程在结构图中就出现几个相邻的综合点，有时为了结构图简化，需要变换综合点的位置，或者把它们简化为一个综合点。其输出量保持不变，综合点可以前后移动，根据加法交换律和综合律不难得到证明。综合点之间的移动如图 2-16 所示。

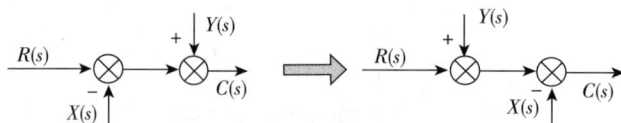

图 2-16 综合点之间的移动

综合点互换位置前后各信号不变，且输出信号 $C(s)=R(s)-X(s)+Y(s)$，所以两个综合点之间可以进行位置交换。

在实际系统中，有时需要将同一个信号同时送到几个不同支路或元件中，在结构图上会出现几个引出点相邻，这些引出点互换位置并不影响信号的传递关系，相邻引出点可以前后移动，相邻引出点之间的等效移动如图 2-17 所示。

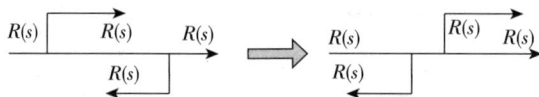

图 2-17 相邻引出点之间的移动

两引出点交换位置后，各信号不变，即两个引出点可以进行位置交换。

相邻的综合点和引出点之间不能进行位置交换，引出点和综合点交换位置后，引出点分出的信号发生了变化，所以综合点和引出点之间不能进行位置交换。

（5）综合点前后移动等效变换

1）综合点向后移动：综合点后移，即综合点顺着信号线越过传递函数方框，综合点向后移动等效变换结构图如图 2-18(a)(b)(c)所示。

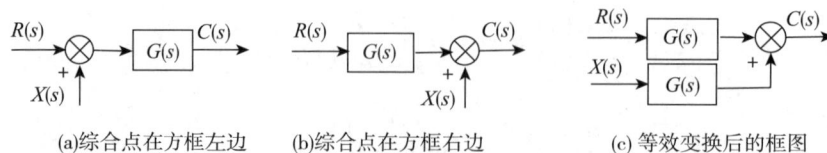

(a)综合点在方框左边   (b)综合点在方框右边   (c) 等效变换后的框图

图 2-18 综合点向后移动等效变换

变换位置前：
$$C(s)=G(s)\big[R(s)+X(s)\big]=G(s)R(s)+G(s)X(s) \tag{2-32}$$

变换位置后：
$$C(s)=G(s)R(s)+X(s) \tag{2-33}$$

为了保证等效变换前后输入、输出间总的数学关系保持不变，在移动后的 $X(s)$ 分支中串入传递函数 $G(s)$，移动的过程中，越过了哪个传递函数就串入哪个传递函数。

2）综合点向前移动：综合点向前移动等效变换结构图如图 2-19 所示。

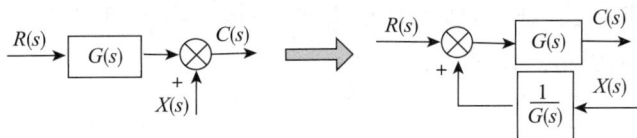

图 2-19　综合点向前移动等效变换

改变位置前后：
$$C(s)=R(s)G(s)+X(s)=G(s)\left[R(s)+\frac{1}{G(s)}X(s)\right] \tag{2-34}$$

综合点向前移动，串 $\frac{1}{G(s)}$。

（6）引出点前后移动等效变换　引出点向后移动等效变换结构如图 2-20 所示。

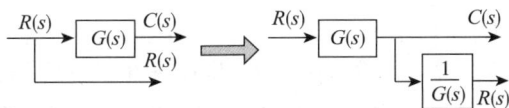

图 2-20　引出点向后移动等效变换

引出点顺着信号线移动，依据等效变换原则，在移动的分支中串入 $\frac{1}{G(s)}$。引出点向前移动，引出点逆着信号线移动，依据等效变换原则，在移动的分支中串入 $G(s)$。

按照上述六种结构图等效变换原则，对于一般的较复杂的动态结构图都可以等效为方框串联、并联和反馈三种基本的连接方式，进一步等效化简，求其传递函数。但是，有时更为复杂的动态结构图，按照上述六种等效原则仍然不能化简，例如在结构图中有综合点和引出点相间存在，就需要遵循变换前后信号传递关系不变的原则，将结构图重新排列，将综合点和引出点相间等效为相邻，从而达到等效化简的目的。

例 2-5　某 RC 电路的动态结构图如图 2-21 所示，求系统的传递函数。

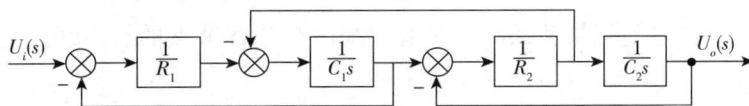

图 2-21　RC 电路的动态结构图

分析：这是一个交错反馈的多回路系统，不能直接简化，必须先进行比较点和分支点的移动，变成典型连接的形式，然后化简，求出传递函数。具体做法如下。

解：将 $1/R_2$ 与 $1/C_2s$ 之间的引出点向后移到方框 $1/C_2s$ 的输出端，如图（a）所示，然后简化由 $1/R_2$、$1/C_2s$ 串联后组成的单位反馈回路，如图（b）所示。

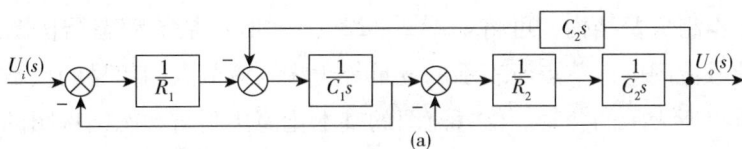

(a)

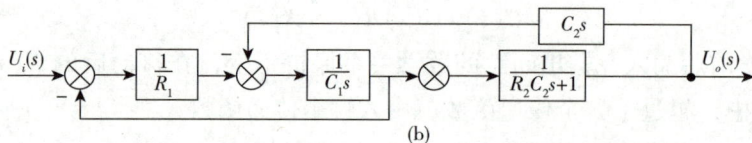

(b)

将 $1/R_1$ 与 $1/C_1s$ 之间的比较点向前移到方框 $1/R_1$ 的输入端，如图（c）所示，然后简化由 $1/R_1$、$1/C_1s$ 串联后组成的单位反馈回路，如图（d）所示。

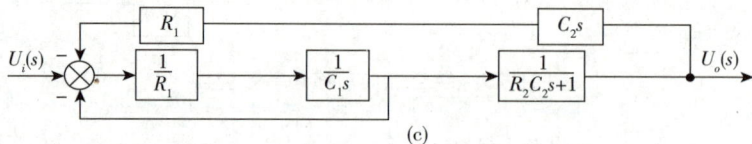

(c)

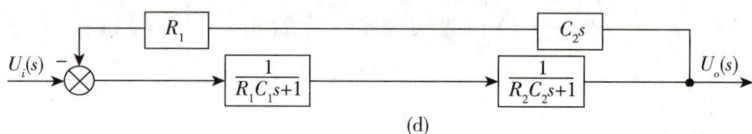

(d)

简化两两串联后组成的反馈回路，其等效传递函数为：

$$G(s) = \frac{U_o(s)}{U_i(s)} = \frac{1}{R_1 R_2 C_1 C_2 s^2 + (R_1 C_1 + R_2 C_2 + R_1 C_2)s + 1} \qquad (2-35)$$

通过以上例子，可以得出通过动态结构图化简求传递函数的基本步骤：①观察结构图，适当移动引出点或综合点，将动态结构图化成三种典型连接方式；②对于多回路结构图，先求内回路的等效变换结构图，再求外回路的等效变换结构图，将结构图等效为一个方框；③求系统传递函数。

第五节　信号流图与梅逊公式

一、信号流图中的术语

信号流图中的两个基本单元是节点和支路。基本单元的表示符号及含义如下。

1. 节点　在图中用一个小圆圈"○"表示，它代表系统中的变量或信号。

2. 支路　是表示各变量之间因果关系的一条有向线段（连接节点的有向线段），信号沿着有向线段上箭头指明的方向传递。

3. 增益（两个变量之间的传递函数）　为两个变量之间的因果关系式，标在相应支路的旁边。

4. 输入节点（源点）　只有输出支路，没有输入支路的节点。一般表示系统的输入变量。

5. 输出节点（汇点）　只有输入支路，没有输出支路的节点。一般表示系统的输出变量。

6. 混合节点　既有输入支路，也有输出支路的节点。

二、信号流图的绘制

按照信号流图的基本组成及结构，可将如图 2-22（a）所示系统动态结构图绘制成图 2-22（b）所示的信号流图，在信号流图中，节点所表示的变量等于流入该节点的信号的代数和。从节点流出的每一支路信号都等于该节点所表示的变量。信号流图的基本化简法则与动态结构图的变换法则相对应。

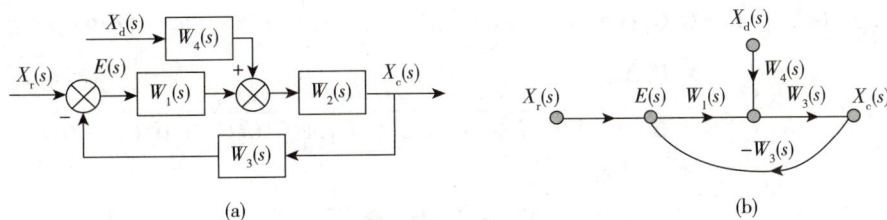

图 2 – 22　系统结构图与信号流图

三、梅逊公式

为正确使用梅逊（S. J. Mason）公式，需要首先明确下面几个常用名词术语。

1. 前向通道　从输入节点到输出节点，并且每个节点只通过一次的通道。

2. 回路　从某个节点出发按箭头方向回到该节点，并且每个节点只通过一次的通道。

3. 互不接触回路　若两个回路没有公共节点，则称它们为互不接触回路。

注意：回路传递函数是指回路中前向通道和反馈通道传递函数的乘积，并且包含代表反馈极性的正、负号。

用动态结构图等效变换的方法求取较复杂系统的传递函数很繁琐，而用梅逊公式方法较简单，不需要对结构图进行任何变换，只需要对结构图观察、分析后，便可以求得传递函数。

梅逊公式的一般表达式为：

$$\varphi(s) = \frac{\sum\limits_{k=1}^{n} P_k^n \Delta k}{\Delta} \tag{2-36}$$

式中，Δ 为系统的特征式，$\Delta = 1 - \sum L_i + \sum L_i L_j - \sum L_i L_j L_z + \cdots$

其中，$\sum L_i$ 为各回路传递函数之和；$\sum L_i L_j$ 为两两互不相接触回路的传递函数乘积之和；$\sum L_i L_j L_z$ 为所有三个互不相接触回路的传递函数乘积之和；P_k 为第 k 条前向通道的传递函数；Δ_k 为相应的余子式，是将 Δ 中与第 k 条前向通道相接触的回路所在项去掉之后的剩余部分。

例 2 – 6　系统的动态结构图如图 2 – 23 所示，对系统进行化简。

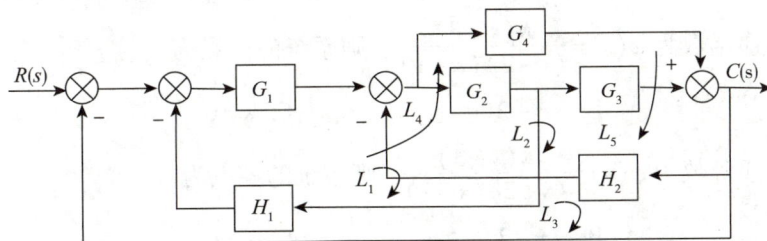

图 2 – 23　多回路系统动态结构图

解：系统有 5 个回路，各回路的传递函数为：

$$L_1 = -G_1 G_2 H_1 ;\quad L_2 = -G_2 G_3 H_2 ;\quad L_3 = -G_1 G_2 G_3 ;\quad L_4 = -G_1 G_4 ;\quad L_5 = -G_4 H_2$$

该系统中没有两两互不相接触回路，所以 $\sum L_i L_j = 0$ 。

该系统也没有三个互不相接触回路，所以 $\sum L_i L_j L_z = 0$ 。

因此，该系统的特征式为：

$$\Delta = 1 - \sum_{i=1}^{5} L_i = 1 + G_1 G_2 H_1 + G_2 G_3 H_2 + G_1 G_2 G_3 + G_1 G_4 + G_4 H_2$$

（4）$P_1 = G_1 G_2 G_3$；$P_2 = G_1 G_4$；$\Delta_1 = 1$；$\Delta_2 = 1$ 将以上各式代入梅逊公式便可得到系统的传递函数：

$$\varphi(s) = \frac{C(s)}{R(s)} = \frac{\sum\limits_{k=1}^{n} P_k^n \Delta k}{\Delta} = \frac{G_1 G_2 G_3 + G_1 G_4}{1 + G_1 G_2 H_1 + G_2 G_3 H_2 + G_1 G_2 G_3 + G_1 G_4 + G_4 H_2}$$

目标检测

答案解析

一、选择题

1. 以下关于传递函数的描述，错误的是 （　　）。

　　A. 传递函数是复变量 s 的有理真分式函数

　　B. 传递函数取决于系统和元件的结构和参数，并与外作用及初始条件有关

　　C. 传递函数是一种动态数学模型

　　D. 一定的传递函数有一定的零极点分布图与之相对应

2. 典型的二阶振荡环节的传递函数为 （　　）。

　　A. $\dfrac{1}{Ts^2 + 2\xi Ts + 1}$　　　　B. $\dfrac{1}{s}$　　　　C. $\dfrac{1}{Ts + 1}$　　　　D. s

3. 常用函数 $1(s)$ 拉氏变换 $L[1(t)]$ 为 （　　）。

　　A. s　　　　B. $\dfrac{1}{s}$　　　　C. $\dfrac{1}{s^2}$　　　　D. 1

4. 方框图化简时，串联连接方框总的输出量为各方框图输出量的 （　　）。

　　A. 乘积　　　　B. 代数和　　　　C. 加权平均　　　　D. 平均值

5. 系统的开环传递函数为 $G(s) = \dfrac{M(s)}{N(s)}$，则闭环特征方程为 （　　）。

　　A. $N(s) = 0$　　　　　　　　　　　　B. $N(s) + M(s) = 0$

　　C. $1 + N(s) = 0$　　　　　　　　　　D. 与是否单位反馈系统有关

6. 系统的闭环传递函数为 $\varphi(s) = \dfrac{K(s+3)}{(s+2)(s+1)}$，则系统的极点为 （　　）。

　　A. $s = -3$　　　　B. $s = -2$　　　　C. $s = 0$　　　　D. $s = K$

7. 系统的闭环传递函数为 $\varphi(s) = \dfrac{K(s+3)}{(s+2)(s+1)}$，则系统的零点为 （　　）。

　　A. $s = -3$　　　　B. $s = -2$　　　　C. $s = 0$　　　　D. $s = K$

二、简答题

1. 传递函数有哪些性质？有哪些局限性？

2. 系统结构图有哪些特点？

书网融合……

本章小结

第三章 自动控制系统的时域分析

学习目标

1. **掌握** 时域性能指标的定义和二阶系统的数学模型；二阶系统的单位阶跃响应；常见动态性能指标的计算方法；劳思判据的内容和应用；稳态误差的概念和计算方法。

2. **熟悉** 一阶系统的时域分析；二阶系统性能改善的途径。

3. **了解** 过阻尼动态性能分析，减小误差的方法；二阶系统性能改善的方法；非零初始条件下二阶系统响应过程。

4. 学会一阶系统典型时域响应的特点，并能熟练计算性能指标和结构参数；能熟练计算欠阻尼响应性能指标和结构参数；具有对临界阻尼二阶系统动态过程分析的能力；学会劳思判据分析系统稳定性的方法。

⇒ 案例分析

实例 时域分析是一种通过对信号在时间域上的特征和变化进行分析，以提取有用信息的方法。例如，心电图机通过记录心脏在不同时间的电活动，形成心电图，医生可以通过分析心电图的波形来判断心脏的健康状况。

问题 1. 心电图产生的机制是什么？

2. 通过对心电图的时域分析可以得到哪些重要参数？

建立动态数学模型，是对控制系统进行理论研究的前提。系统的数学模型建立之后，便可以求得在已知输入信号作用下系统的输出响应，并且对系统的性能做出定性分析和定量计算。对线性定常系统，时域分析法是常用的分析与设计方法之一。

时域分析法是通过直接求解线性系统的微分方程，以得到系统输出（被控量）随时间变化的表达式及其相应曲线，来分析系统的稳定性、快速性和准确性指标的一种方法。

第一节 典型输入信号及性能指标

一、典型输入信号

控制系统的外作用包括给定输入信号和扰动输入信号，它们是各式各样的。为便于研究和比较，常采用一些典型信号来代替。这些典型信号只是实际信号的一种近似和抽象，并且便于通过实验装置产生，以验证其对系统作用的结果。

对于自动控制系统来说，存在着一些共性的技术要求，即系统应具备足够的运行稳定性、良好的快速响应能力以及符合要求的稳态控制精度。为了准确地描述和评价系统在这三个方面的性能，有必要定义相应的性能指标。

1. 脉冲信号 是一个持续时间极短的信号，其数学表达式为：

$$r(t) = \begin{cases} 0 & t<0, t>\varepsilon \\ H/\varepsilon & 0 \leqslant t \leqslant \varepsilon \end{cases} \tag{3-1}$$

当 $H=1$ 时，记为 $\delta\varepsilon(t)$。若令脉宽 $\varepsilon \to 0$，则称其为单位理想脉冲信号，如图 3-1（b）所示。

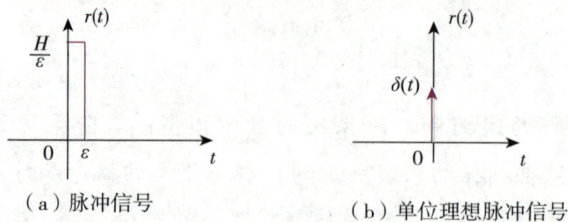

（a）脉冲信号　　　　　　　（b）单位理想脉冲信号

图 3-1　脉冲信号函数图像

实际的脉冲信号、脉冲电信号、阵风、撞击力和武器弹射的爆发力等，均可视为理想脉冲信号。

2. 阶跃信号 其数学表达式为：

$$r(t) = \begin{cases} 0 & t<0 \\ R_0 & t \geqslant 0 \end{cases} \tag{3-2}$$

其函数图像如图 3-2 所示。

式中，R_0 为常量。当 $R_0=1$ 时所描述的信号称为单位阶跃信号。时域分析中，阶跃信号用得最为广泛。实际系统中，电源的突然接通、负载的突变等，均可近似看作阶跃信号。

3. 斜坡信号 也称为速度信号，表示由零值开始，随时间 t 线性增长的信号。其数学表达式为：

$$r(t) = \begin{cases} 0 & t<0 \\ v_0 t & t=0 \end{cases} \tag{3-3}$$

其函数图像如图 3-3 所示。

式中，v_0 为常量，当 $v_0=1$ 时，式（3-3）所描述的信号称为单位斜坡信号。随动系统中恒速变化的位置指令信号、数控机床中加工斜面的进给指令等，都是斜坡信号的实例。

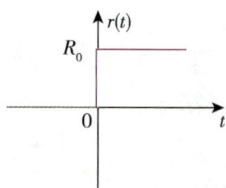

图 3-2　阶跃信号的函数图像　　　　　　**图 3-3　斜坡信号的函数图像**

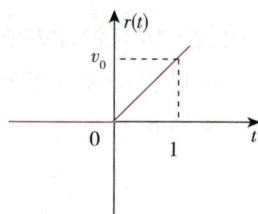

4. 抛物线信号 也称为加速度信号，其数学表达式为：

$$r(t) = \begin{cases} 0 & t<0 \\ \dfrac{1}{2} a_0 t^0 & t \geqslant 0 \end{cases} \tag{3-4}$$

其函数图像如图 3-4 所示。

式中，a_0 为常量，当 $a_0=1$ 时，式（3-4）所描述的信号称为单位抛物线信号，也称单位等加速度信号。随动系统中做等加速度变化的位置指令信号就是抛物线信号的实例之一。易知，单位加速度信号的一阶微分为单位速度信号，而单位速度信号的一阶微分为单位阶跃信号。

5. 正弦信号　其数学表达式为：

$$r(t)=\begin{cases}0 & t<0 \\ A\sin\omega t & t\geq0\end{cases} \tag{3-5}$$

函数图像如图 3-5 所示。

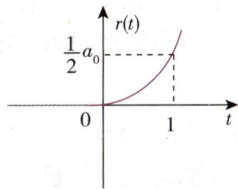

图 3-4　抛物线信号的函数图像

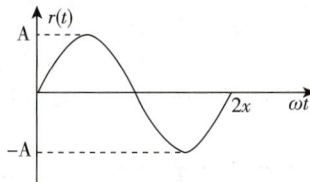

图 3-5　正弦信号的函数图像

实际系统中如电源的波动、机械振动、元件的噪声干扰、海浪对舰艇的扰动力等，可近似于此种信号。还可以用不同频率的正弦输入作系统的特性，间接判断系统的性能。

二、控制系统的性能指标

控制系统的性能指标分为动态性能指标和稳态性能指标，动态性能指标又可分为跟随性能指标和抗扰性能指标。在自动控制原理中所讨论的系统动态性能指标，一般是跟随性能指标。

1. 跟随性能指标

（1）上升时间 t_r　若输出响应曲线为单调上升曲线（图 3-6），则系统输出响应从稳态值的 10% 上升至稳态值的 90% 所需时间为上升时间。对于如图 3-7 所示的有振荡的系统，定义为系统输出响应从零开始，第一次上升到稳态值所需要的时间。t_r 越小，表明系统初始响应越快。

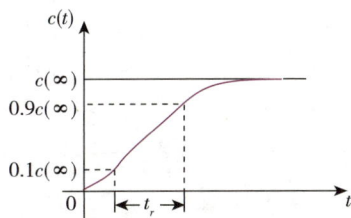

图 3-6　单调上升曲线

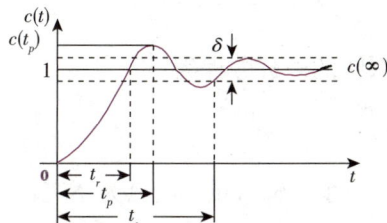

图 3-7　衰减振荡曲线

（2）峰值时间 t_p　系统输出响应由零开始，第一次到达峰值所需要的时间为峰值时间。

（3）超调量 $\sigma\%$　指系统输出响应超出稳态值的最大偏离量占稳态值的百分比。$\sigma\%$ 越小，说明系统动态响应比较平稳，即系统平稳性比较好。

$$\sigma\%=\frac{c(t_p)-c(\infty)}{c(\infty)}\times100\% \tag{3-6}$$

对不可逆系统，系统不能出现超调，例如，在水泥搅拌控制系统中，含水量不能过量，因为控制系统只能加水，而不能排水。对一般系统，总希望超调量较小。但常常希望系统有一点超调，以增加系统的快速性。例如，在电动机调速系统中，电动机速度有一点超调是容许的，这时电动机速度跟踪特性较好。

（4）调节时间 t_s　从零时刻开始，系统的输出响应达到并保持在稳态值的 $\pm5\%$（或 $\pm2\%$）误差范围内，即输出响应进入并保持在 $\pm5\%$（或 $\pm2\%$）误差带之内所需的时间为调节时间。t_s 越小，表明系统动态响应过程越短，快速性越好。

（5）振荡次数 N　在调节时间内，系统输出量在稳态值上下摆动的次数（来回为 1 次）。次数少，表明系统稳定性好。

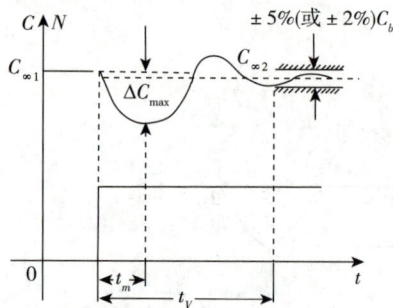

图 3 – 8　负扰动之后的典型过渡过程

2. 抗扰性能指标　如果控制系统在稳态运行时受到扰动作用，经历一段动态过程后，又能达到新的稳态，则系统在扰动作用下的变化情况可以用抗扰性能指标来描述，图 3 – 8 为系统稳定运行中突加一个使输出量降低的负扰动之后的典型过渡过程，据此可定义抗扰性能指标。

动态降落 ΔC_{max}：对稳态运行中的系统，突加一个约定的标准负扰动量，在过渡过程中出现的系统输出量的最大降落值。从突加扰动量到出现的这一段时间标为 t_m。

3. 稳态性能指标　控制系统的稳态性能一般是指其稳态精度，常用稳态误差 e_{ss} 来表述。稳态误差是指系统期望值与实际稳态值之间的差值，常用的定义：系统输入量 $r(t)$ 与反馈量之偏差的稳态值，即 $e_{ss}=\lim\limits_{t\to\infty}[r(t)-b(t)]$。$e_{ss}$ 越小，说明系统稳态精度越高。

第二节　一阶系统的时域分析

控制系统的数学模型为一阶微分方程时，该系统被称为一阶系统。一阶系统、二阶系统均属于典型系统。现实中存在大量的系统，它们本身就属于典型的一阶或二阶系统。一阶 RC 网络、发电机、热处理炉、水箱等，均可近似为一阶系统。大量的高阶、复杂系统可以在一定的近似范围内简化为典型系统，以便于系统的分析与设计。

一、一阶系统的数学模型

一阶系统的微分方程为：

$$T\frac{dc(t)}{dt}+c(t)=Kr(t) \tag{3–7}$$

式中，$r(t)$ 为系统输入量；$c(t)$ 为系统输出量；T 为时间常熟。其传递函数为

$$\varphi(s)=\frac{C(s)}{R(s)}=\frac{K}{Ts+1} \tag{3–8}$$

一阶系统的动态结构如图 3 – 9 所示。

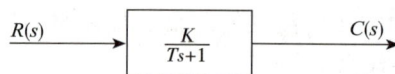

图 3 – 9　一阶系统的动态结构图

式（3 – 7）的微分方程、式（3 – 8）的传递函数以及图 3 – 9 的动态结构图都为一阶系统的数学模型。时间常数是表征系统惯性的主要参量，一阶系统实际上也是前面研究的惯性环节。对于不同的物理系统，时间常数所具有的物理意义不同，但时间常数都具有时间"秒"的量纲。

二、一阶系统的单位阶跃响应

当一阶系统外加单位阶跃信号时，设输入 $R(s)=\dfrac{1}{s}$，则一阶系统输出的拉氏变换为：

$$C(s) = \varphi(s) \times R(s) = \frac{K}{Ts+1} \times \frac{1}{s} = K\left(\frac{1}{s} - \frac{1}{s+\frac{1}{T}}\right) \quad\quad (3-9)$$

对式（3-9）反拉氏变换，便得一阶系统的单位阶跃响应

$$C(t) = L^{-1}\left[K\left(\frac{1}{s} - \frac{1}{s+\frac{1}{T}}\right)\right] = K(1 - e^{\frac{t}{T}}) \quad\quad (3-10)$$

当 $t=0$ 时，$c(t)=0$；当 $t=T$ 时，$c(T)=0.632K$；当 $t=3T$ 时，$c(t)=0.950K$；当 $t=4T$ 时，$c(t)=0.982K$。输出响应从零开始按指数规律上升，最后趋于 K。

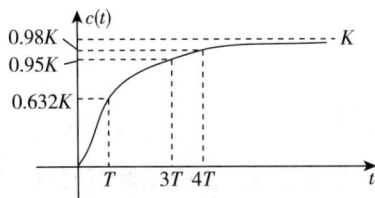

一阶系统的单位阶跃响应曲线如图3-10所示，可见一阶系统的单位阶跃响应具有非周期性，且无振荡。

参数 K、T 不同时，一阶系统的单位阶跃响应曲线会不同。如图3-11、图3-12所示。

图 3-10　一阶系统的单位阶跃响应曲线

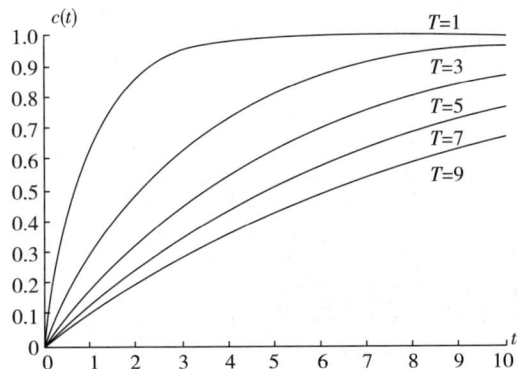

图 3-11　$K=1$，不同 T 值时的单位阶跃响应曲线

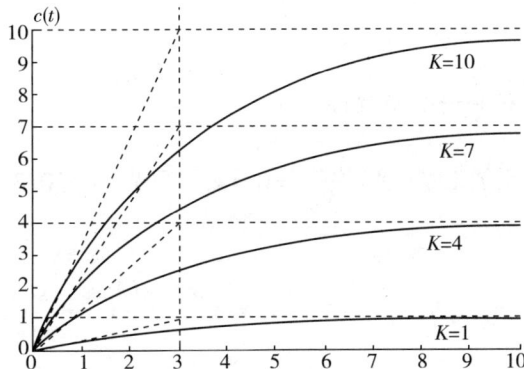

图 3-12　$T=3$，不同 K 值时的阶跃响应曲线

三、一阶系统的性能指标

从以上曲线可以看出以下关系。

（1）一阶系统的单位阶跃响应是单调上升的。因而，不存在超调量。可以用上升时间或者调节时间来作为动态性能指标。

（2）对于单调上升曲线，上升时间指系统输出响应从稳态值的10%上升至稳态值的90%所需时间。$0.1K = K(1-e^{-\frac{t_1}{T}})$，$t_1$ 为输出值为稳态值的10%时所对应的时间。$0.9K = K(1-e^{-\frac{t_2}{T}})$，$t_2$ 为输出值为稳态值的90%时所对应的时间，那么上升时间：$t_r = t_2 - t_1 = T\ln 9 = 2.2T$。

（3）由于 $t=3T$ 时，$c(t)=0.95K$，故调节时间 $t_s=3T$（按 $\pm 5\%$ 误差带）。当 $t=4T$ 时，$c(t)=0.98K$，故调节时间 $t_s=4T$（按 $\pm 2\%$ 误差带）。

（4）为了提高一阶系统的快速响应和跟踪能力，应该减少系统时间常数 T。输出响应达到稳态值的63.2%所需时间的值，就等于一阶系统的时间常数。

（5）单位阶跃输入，一阶系统的稳态响应值为 K，稳态值与 T 无关。

例 3-1　图3-13所示结构图中 K_K 为开环放大倍数，K_H 为反馈系数。设 $K_K=100$，$K_H=0.1$。①求系统的调节时间 t_s（按 $\pm 5\%$ 误差带计算）；②如果要求 $t_s=0.1s$，求反馈系数 K_H。

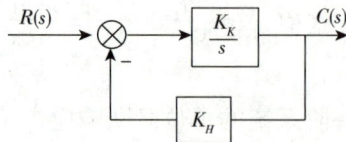

图 3 – 13　一阶系统结构图

解：由图 3 – 13 的系统结构图等效变换，可得系统闭环传递函数为：

$$\varphi(s) = \frac{C(s)}{R(s)} = \frac{\dfrac{100}{s}}{1 + \dfrac{100}{s} \times 0.1} = \frac{10}{0.1s + 1} \tag{3-11}$$

可见 $T = 0.1$，所以调节时间 $t_s = 3T = 0.3\mathrm{s}$。（按 $\pm 5\%$ 误差带）。

此时，系统的闭环传递函数为：

$$\varphi(s) = \frac{C(s)}{R(s)} = \frac{\dfrac{100}{s}}{1 + \dfrac{100}{s} K_H} = \frac{1/K_H}{\dfrac{0.01}{K_H} s + 1} \tag{3-12}$$

对照一阶系统标准式，有 $T = \dfrac{0.01}{K_H}$

由 $t_s = 3T = 3 \times \dfrac{0.01}{K_H} = 0.1\mathrm{s}$，可得：$K_H = 0.3$。

第三节　二阶系统的时域分析

由二阶微分方程描述的系统称为二阶系统。在控制系统中，二阶系统非常普遍，如电动机、小功率随动系统、机械动力系统等都是二阶系统。二阶系统的分析在自动控制原理中具有普遍的意义。二阶系统和一阶系统都是研究高阶系统的基础，许多高阶系统在实际应用条件下也可简化为二阶系统进行动态研究。

一、二阶系统的数学模型

通常用典型单位负反馈的二阶系统作为二阶系统的模型，如图 3 – 14 所示。

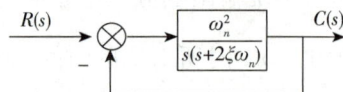

图 3 – 14　二阶系统动态结构图

可求得二阶系统闭环传递函数的标准形式：

$$\varphi(s) = \frac{C(s)}{R(s)} = \frac{\omega_n^2}{s^2 + 2\xi\omega_n s + \omega_n^2} \tag{3-13}$$

式中，ξ 称为阻尼比；ω_n 为无阻尼自然振荡角频率（固有频率）。

例 3 − 2 确定图 3 −15 所示的 RLC 串联电路的阻尼比 ξ，无阻尼自然振荡频率 ω_n。

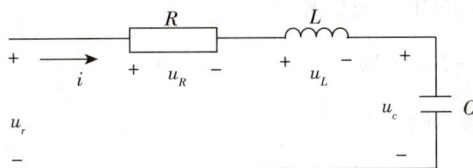

图 3 − 15 RLC 串联电路

解：该电路的传递函数为：

$$G(s)=\frac{U_c(s)}{U_r(s)}=\frac{1}{LCs^2+RCs+1}=\frac{\dfrac{1}{LC}}{s^2+\dfrac{R}{L}s+\dfrac{1}{LC}} \qquad (3-14)$$

对照二阶系统的标准式，有 $\omega_n^2=\dfrac{1}{LC}$，即 $\omega_n=\dfrac{1}{\sqrt{LC}}$，$2\xi\omega_n=\dfrac{R}{L}$，即 $\xi=\dfrac{R}{2}\sqrt{\dfrac{C}{L}}$

二、二阶系统的单位阶跃响应

二阶系统在单位阶跃输入信号 $r(t)$ 作用下的拉斯变换为：

$$C(s)=\varphi(s)R(s)=\frac{\omega_n^2}{s^2+2\xi\omega_n s+\omega_n^2}\cdot\frac{1}{s} \qquad (3-15)$$

其中，由 $s^2+2\xi\omega_n s+\omega_n^2=0$ 可求得两个特征根：

$$s_{1,2}=\frac{-2\xi\omega_n\pm\sqrt{(2\xi\omega_n)^2-4\omega_n^2}}{2}=-\xi\omega_n\pm\omega_n\sqrt{\xi^2-1} \qquad (3-16)$$

下面分别对 $\xi>1$，$\xi=1$，$0<\xi<1$，$\xi=0$ 的情况分别讨论。

1. 过阻尼 $\xi>1$ 二阶系统的单位阶跃响应

此时 $s_{1,2}=-\xi\omega_n\pm\omega_n\sqrt{\xi^2-1}$，为两个不相等的负实数根，当输入单位阶跃输入时，即有：

$$C(s)=\frac{\omega_n^2}{s(s^2+2\xi\omega_n s+\omega_n^2)}=\frac{\omega_n^2}{s(s-s_1)(s-s_2)}=\frac{A_1}{s}+\frac{A_2}{(s-s_1)}+\frac{A_3}{(s-s_2)} \qquad (3-17)$$

$$\rightarrow c(t)=A_1+A_2 e^{s_1 t}+A_3 e^{s_2 t}$$

由式（3 −17）可知，响应明显地具有非周期性，无振荡和超调。二阶过阻尼系统的单位阶跃响应初始速度为零，之后逐渐加大，过某一极值又逐渐减小，故曲线上形成一个拐点，过阻尼二阶系统可以看成是两个时间常数不同的惯性环节（一阶系统）串联而成。而一阶系统的单位阶跃响应的初速最大，然后逐渐减小到零，响应曲线无拐点，因此过阻尼二阶系统的单位阶跃响应不同于一阶系统的单位阶跃响应。

2. 临界阻尼 $\xi=1$ 二阶系统的单位阶跃响应

此时，$s_{1,2}=-\xi\omega_n$，为一对重负实根。当输入单位阶跃输入时，即有：

$$C(s)=\frac{\omega_n^2}{s(s^2+2\xi\omega_n s+\omega_n^2)}=\frac{\omega_n^2}{s(s^2+2\omega_n s+\omega_n^2)}$$

$$=\frac{\omega_n^2}{s(s+\omega_n)^2}=\frac{1}{s}-\frac{\omega_n}{(s+\omega_n)^2}-\frac{1}{s+\omega_n} \qquad (3-18)$$

$$c(t)=L^{-1}[C(s)]=1-\omega_n t e^{-\omega_n t}-e^{-\omega_n t}=1-e^{-\omega_n t}(1+\omega_n t) \qquad (3-19)$$

临界阻尼响应与过阻尼类似，具有非周期性，无振荡和超调。稳态误差 $e_{ss}=0$。其稳态值仍为 1。

3. 欠阻尼 $0<\xi<1$ 二阶系统的单位阶跃响应

此时，$s_{1,2}=-\xi\omega_n\pm\omega_n\sqrt{\xi^2-1}=-\xi\omega_n\pm j\omega_n\sqrt{1-\xi^2}$，即具有一对实部为负的共轭复根，取阻尼振荡频率 $\omega_d=\omega_n\sqrt{1-\xi^2}$，当输入单位阶跃输入时，即有：

$$c(t)=1-\frac{e^{-\xi\omega_n t}}{\sqrt{1-\xi^2}}\sin(\omega_d t+\beta) \tag{3-20}$$

由式（3-20）可知，系统响应由稳态分量和暂态分量两部分组成，其中，稳态分量等于 1；暂态分量是随着时间 $t\to\infty$ 而振荡衰减的过程，振荡频率为 $\omega_d=\omega_n\sqrt{1-\xi^2}$，故二阶系统又称为振荡环节，并且必然存在超调。

4. 零阻尼 $\xi=0$ 二阶系统的单位阶跃响应

此时 $s_{1,2}=\pm j\omega_n$，为一对纯虚根，当输入为单位阶跃信号时，即有：

$$C(s)=\frac{\omega_n^2}{s(s^2+2\xi\omega_n s+\omega_n^2)}=\frac{\omega_n^2}{s(s^2+\omega_n^2)}=\frac{1}{s}-\frac{s}{(s^2+\omega_n^2)} \tag{3-21}$$

$$c(t)=L^{-1}[C(s)]=1-\cos\omega_n t \tag{3-22}$$

零阻尼二阶系统单位阶跃响应是一条平均值是 1 的等幅余弦振荡曲线，振荡角频率为 ω_n，故 ω_n 又称为无阻尼振荡频率。本质上，ω_n 的数值完全由系统本身的结构和参数决定，故 ω_n 常称为固有频率或自然频率。

当 $\xi<0$ 即负阻尼状态，此时，阶跃响应表达式不变，但由于暂态分量的指数发散，系统是不稳定的。

综上所述，不同的 ξ 值时二阶系统的单位阶跃响应不同，如图 3-16 所示。

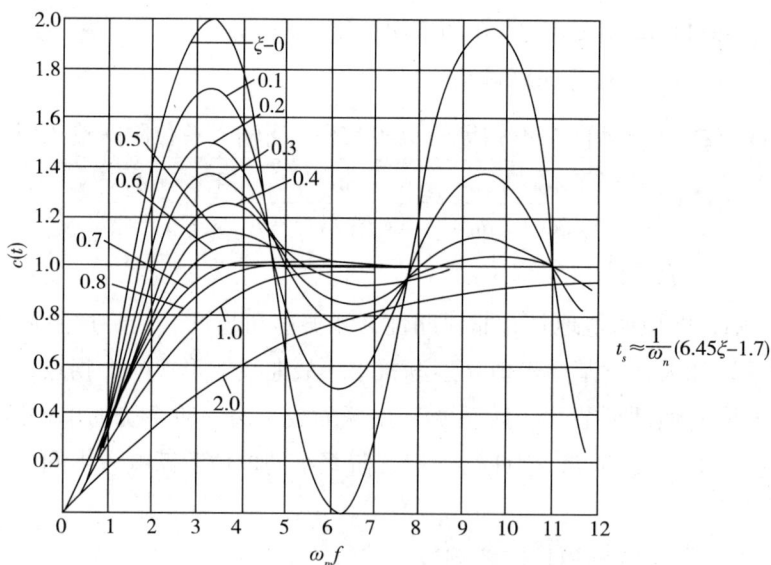

图 3-16　不同的 ξ 值时二阶系统的单位阶跃响应曲线

可见，ξ 值越大，系统的平稳性越好，超调越小；ξ 值越小，输出响应振荡越强，振荡频率越高。当 $\xi=0$ 时，系统输出为等幅振荡，不能正常工作，成为临界稳定，属于不稳定系统。

三、二阶系统的性能指标

不同 ξ 值时，二阶系统的单位阶跃响应曲线分别为衰减振荡曲线、单调上升曲线、等幅振荡曲线。系统输出为等幅振荡曲线时属于不稳定系统，所以下面只对衰减振荡和单调上升的动态过程分析其性能指标。

1. 衰减振荡动态过程

（1）上升时间 t_r　欠阻尼二阶系统的单位阶跃响应曲线为衰减振荡曲线。由上升时间的定义可知，系统输出响应从零开始，第一次上升到稳态值所需的时间即为上升时间 t_r。

由

$$c(t_r)=1-\frac{e^{-\xi\omega_n t}}{\sqrt{1-\xi^2}}\sin(\omega_d t_r+\beta)=1 \tag{3-23}$$

可得：

$$t_r=\frac{\pi-\beta}{\omega_d}=\frac{\pi-\beta}{\omega_n\sqrt{1-\xi^2}} \tag{3-24}$$

式中

$$\beta=\arctan\left(\frac{\sqrt{1-\xi^2}}{\xi}\right)$$

（2）峰值时间 t_p　根据峰值时间的定义，结合二阶系统的衰减振荡曲线，可以看到当输出信号到达峰值时，峰值处切线的斜率为零。

即令 $\dfrac{dc(t)}{dt}=0$，得到的 t 就是峰值时间 t_p，于是得：

$$t_p=\frac{\pi}{\omega_d}=\frac{\pi}{\omega_n\sqrt{1-\xi^2}}$$

（3）超调量 $\sigma\%$　将 $t_p=\dfrac{\pi}{\omega_d}$ 代入欠阻尼二阶系统单位阶跃响应表达式，求得：

$$c(t)=1-\frac{e^{-\xi\omega_n t_p}}{\sqrt{1-\xi^2}}\sin(\omega_d t_p+\beta) \tag{3-25}$$

根据定义，$\sigma\%=\dfrac{c(t_p)-c(\infty)}{c(\infty)}\times100\%$，考虑到 $c(\infty)=c(t)\mid_{t=\infty}=1$，

$$\sigma\%=\frac{c(t_p)-1}{1}\times100\%=e^{-\xi\pi/\sqrt{1-\xi^2}} \tag{3-26}$$

可见，超调量 $\sigma\%$ 只与 ξ 有关，而与 ω_n 无关。

（4）调节时间 t_s　求取调节时间可用近似公式

$$t_s=\frac{3}{\xi\omega_n} \quad (\xi<0.68) \quad （按 \pm5\% 误差带计算）$$

$$t_s=\frac{4}{\xi\omega_n} \quad (\xi<0.76) \quad （按 \pm2\% 误差带计算）$$

当 ξ 大于上述值时，可采用近似公式 $t_s\approx\dfrac{1}{\omega_n}(6.45\xi-1.7)$。

2. 单调上升过程

单调上升曲线其超调量为零。计算调节时间时，可以将过阻尼二阶系统近似看成一阶系统，按一阶系统调节时间的计算方法来计算。因为当 $\xi>1$ 时，极点 $s_{1,2}=-\xi\omega_n\pm\omega_n\sqrt{\xi^2-1}$，为两个不相等的负实根，在单位阶跃输出响应表达式 $c(t)=A_1+A_2 e^{s_1 t}+A_3 e^{s_2 t}$ 中，$A_3 e^{s_2 t}$ 衰减较快，其影响可以忽略，那么单位阶跃输出响应表达式近似为 $c(t)\approx A_1+A_2 e^{s_1 t}$，即此时将二阶系统近似看成一阶系统。

将近似后的公式 $c(t) \approx A_1 + A_2 e^{s_1 t}$ 与一阶系统的单位阶跃响应表达式 $c(t) = K(1 - e^{-\frac{t}{T}}) = K - Ke^{-\frac{t}{T}}$ 进行比较，可得 $s_1 = -\frac{1}{T}$，即：

$$T = -\frac{1}{s_1} = -\frac{1}{-\xi\omega_n + \omega_n\sqrt{\xi^2 - 1}}$$

该系统的调节时间：

$$t_s = 3T = -\frac{3}{s_1} \quad （按 \pm 5\% 误差带计算）$$

$$t_s = 4T = -\frac{4}{s_1} \quad （按 \pm 2\% 误差带计算）$$

例3 - 3 已知随动系统的开环传递函数 $G(s) = \dfrac{K}{s(s + 34.5)}$，系统的结构如图 3 - 17 所示，试计算 $K = 1000$、7500、150 三种状态时，系统的性能指标 t_p、t_s（按 $\pm 5\%$ 误差）、$\sigma\%$。

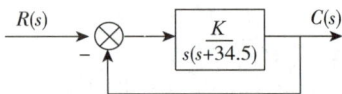

图 3 - 17 二阶系统结构图

解：（1）$K = 1000$ 传递函数 $\varphi(s) = \dfrac{K}{s^2 + 34.5s + K} = \dfrac{1000}{s^2 + 34.5s + 1000}$

对照标准式，有 $\begin{cases} \omega_n^2 = 1000 \\ 2\xi\omega_n = 34.5 \end{cases}$，因而求得 $\begin{cases} \omega_n = 31.6 \\ \xi = 0.545 \end{cases}$

据此可求得动态性能指标：$t_p = \dfrac{\pi}{\omega_n\sqrt{1 - \xi^2}} = 0.12\text{s}$，$t_s = \dfrac{3}{\xi\omega_n} = 0.17\text{s}$，$\sigma\% = e^{-\xi\pi/\sqrt{1-\xi^2}} \times 100\% = 13\%$

（2）$K = 7500$ 用同样的方法算得 $\begin{cases} \omega_n = 86.2 \\ \xi = 0.2 \end{cases}$，进而 $\begin{cases} t_p = 0.037\text{s} \\ t_s = 0.17\text{s} \\ \sigma\% = 52.7\% \end{cases}$

（3）$K = 150$ 用同样的方法算得 $\begin{cases} \omega_n = 12.25 \\ \xi = 1.41 \end{cases}$，系统处于过阻尼状态，无超调。所以系统调节时间

$t_s = 3T = -\dfrac{3}{s_1} = -\dfrac{3}{-29.4} = 0.599\text{s}$。

由以上的分析及例题可归纳以下几点。

（1）二阶系统的性能指标与阻尼比 ξ、无阻尼自然振荡频率 ω_n 有关，阻尼比 ξ、无阻尼自然振荡频率 ω_n 称为二阶系统的特征参数。

（2）系统的平稳性主要由 ξ 决定，ξ 越大，$\sigma\%$ 越低，平稳性越好。

（3）当 ξ 增大到超过 1 时，平稳性最好，但调节时间会过大。

可见，要获得较好的快速性，ξ 不能过大。综合考虑系统的平稳性和快速性，一般将 $\xi = 0.707$ 称为最佳阻尼比，此时系统不仅响应速度快，而且超调量较小（$\sigma\% = 4.3\%$），对应的二阶系统称为最佳二阶系统。

第四节　系统稳定性分析

衡量控制系统性能的指标有稳、准、快，而稳定性是决定系统能否正常工作的首要条件。控制系统在实际运行过程中，总会受到外界和内部一些因素的扰动，例如负载和能源的波动、参数的变化、环境条件的改变等。如果系统不稳定，就会在任何微小的扰动作用下偏离原来的平衡状态，并随时间的推移而发散。故分析系统的稳定性，提出保证系统稳定的措施，是控制系统设计的基本任务之一。

　　系统的稳定性包括绝对稳定性和相对稳定性。相对稳定性指系统的平稳性，超调量 $\sigma\%$ 是相对平稳性的指标。超调量越小，平稳性越好。本节所分析的稳定性指绝对稳定性。

一、稳定的基本概念

　　控制系统的稳定性反映在外力消失后系统的运动特性上。假设系统具有一个平衡工作状态，如果系统受扰，偏离了平衡状态，且当扰动消失后，系统又能逐渐恢复到原状态，则称系统是稳定的；反之，如果系统不能恢复，甚至响应具有发散性，则称系统是不稳定的，如一些设备的尖叫、飞转、超稳、超压等都为不稳定的现象，这在实际工作中是不允许的。

　　线性定常系统的稳定性是扰动消失后系统自身的恢复能力，是系统的一种固有特性，这种固有的稳定性只取决于系统的结构和参数，与系统的输入信号及初始状态无关。因而可用系统的单位理想脉冲响应来描述。

　　例 3 – 4　某两系统的闭环传递函数分别为：① $\varphi_1(s)=\dfrac{1}{s+3}$；② $\varphi_2(s)=\dfrac{1}{s-3}$，试分析这两个系统的稳定性（假定两系统的输出信号原来都处于零位置）。

　　解：取外作用的信号为单位理想脉冲信号。在单位理想脉冲信号消失后，输出信号若能再次回到零位置，那么这个系统就是稳定的。①系统中，由 $\varphi_1(s)=\dfrac{1}{s+3}$ 可得其极点为 $s=-3$。当输入是单位理想脉冲信号 $r(t)=\delta(t)$，$R(s)=1$，则该系统的输出 $C(s)=\varphi_1(s)R(s)=\dfrac{1}{s+3}\times 1=\dfrac{1}{s+3}$，将输出信号 $C(s)$ 进行拉斯反变换：

$$c(t)=L^{-1}\big[C(s)\big]=L^{-1}\left[\frac{1}{s+3}\right]=e^{-3t}$$

系统的输入、输出响应曲线如图 3 – 18 所示。

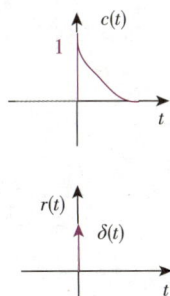

图 3 – 18　系统的输入、输出响应曲线　　　　　图 3 – 19　系统的输入、输出响应曲线

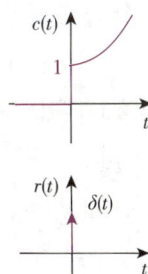

　　从图 3 – 18 可以看到，在没有施加外部作用单位理想脉冲信号前，输出信号为零（系统处于平衡位置），在施加外部的单位理想脉冲信号的瞬间，输出信号瞬间上升到 1（偏离了平衡位置 0），在输入信号消失后，输出信号逐渐减小最终回到 0 位置（恢复到原来的平衡位置），可见该系统是稳定的。

　　②系统中，由 $\varphi_2(s)=\dfrac{1}{s-3}$ 可得其极点为 $s=3$。当输入是单位理想脉冲信号 $r(t)=\delta(t)$，$R(s)=1$，则该系统的输出

$$C(s)=\varphi_1(s)R(s)=\frac{1}{s-3}\times 1=\frac{1}{s-3}$$

将输出信号 $C(s)$ 进行拉斯反变换

$$c(t)=L^{-1}[C(s)]=L^{-1}\left[\frac{1}{s-3}\right]=e^{3t}$$

系统的输入、输出响应曲线如图 3 – 19 所示。

从图 3 – 19 可以看到，在没有施加外部作用单位理想脉冲信号前，输出信号为零（系统处于平衡位置），在施加外部的单位理想脉冲信号的瞬间，输出信号瞬间上升到 1（偏离了平衡位置 0），在输入信号消失后，输出信号逐渐增大，距离原来的平衡位置越来越远，可见该系统是不稳定的。

二、系统稳定的充分与必要条件

比较例 3 – 4 中的①、②系统，两系统的输入信号完全相同，都是理想的单位脉冲信号，但是由于两系统的传递函数不同，决定了两系统的稳定性不同。从两系统的极点分布图可以看出：①系统的极点在复平面的左半平面，系统稳定；②系统的极点在复平面的右半平面，系统不稳定。再结合我们学习过的二阶系统，不管二阶系统是过阻尼、临界阻尼、欠阻尼的，这些系统都是稳定的，而其极点均在复平面的左半平面，所以我们有理由猜测：凡是极点在复平面左半平面的系统都是稳定的系统。下面来进行理论分析说明。

由于单位理想脉冲函数的拉斯变换等于 1，所以系统的单位理想脉冲响应就是系统闭环传递函数的拉斯反变换。设系统闭环传递函数的一般表达式如下：

$$\varphi_{(s)}=\frac{N_{(s)}}{(s-s_1)(s-s_2)\cdots(s-s_n)} \tag{3-27}$$

s_1、s_2、$\cdots s_n$ 为互不相同实根，该系统在单位理想脉冲输入作用下的响应为：

$$C_{(s)}=\frac{N_{(s)}}{(s-s_1)(s-s_2)\cdots(s-s_n)}=\frac{A_1}{s-s_1}+\frac{A_2}{s-s_2}+\cdots\frac{A_n}{s-s_n} \tag{3-28}$$

$$c(t)=L^{-1}[C(s)]=A_1e^{s_1t}+A_2e^{s_2t}+\cdots+A_ne^{s_nt} \tag{3-29}$$

由上式可见，要使处于平衡状态下的系统稳定，其输出瞬态响应分量均应为零，即必须满足 $\lim_{t\to\infty}\to 0$。因此，系统稳定的充分与必要条件是：系统所有特征根 s_i 的实部小于零，即其特征方程的根都在 s 左半平面。

例 3 – 5　某系统的结构图如图 3 – 20 所示，试判断系统的稳定性。

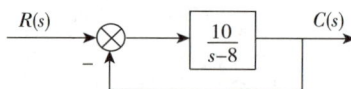

图 3 – 20　系统结构图

解：该单位负反馈系统的开环传递函数为 $G(s)=\frac{10}{s-8}$，其闭环传递函数为 $\varphi(s)=\frac{10}{s+2}$，极点（-2）位于 s 左半平面，所以该系统稳定。

三、劳斯稳定判据

求得特征方程的根，再根据稳定的充分与必要条件，就可判定系统的稳定性。但对于高阶系统，求解方程的根比较困难。如果仅仅为了判断系统的稳定性，可根据特征方程的各项系数来确定方程的根是否具有正实部，这就是劳斯判据的基本思想。

劳斯稳定判据是根据闭环特征方程式的各项系数，按一定的规则排列成劳斯表，然后根据表中第一列系数正、负符号的变化情况来判别系统的稳定性。设系统特征方程的一般形式为

$$a_0 s^n + a_1 s^{n-1} + \cdots + a_{n-1} s + a_n = 0 \qquad (3-30)$$

根据特征方程的各项系数排列成劳斯表，劳斯表中的各项系数见表3-1：

表3-1 劳斯表

s^n	a_0	a_2	a_4	$\cdots$
s^{n-1}	a_1	a_3	a_5	$\cdots$
s^{n-2}	b_{31}	b_{32}	b_{33}	$\cdots$
s^{n-3}	b_{41}	b_{43}	b_{43}	$\cdots$
$\vdots$	$\vdots$	$\vdots$	$\vdots$	$\vdots$
s^0	b_{n+1}			

表中前面两行由间隔取特征方程中系数形成，其他系数计算方法如下：

$$b_{31} = \frac{a_1 a_2 - a_0 a_3}{a_1}$$

$$b_{32} = \frac{a_1 a_4 - a_0 a_5}{a_1}$$

$$b_{41} = \frac{b_{31} a_3 - a_1 b_{32}}{b_{31}}$$

$$b_{42} = \frac{b_{31} a_5 - a_1 b_{33}}{b_{31}}$$

$$\vdots$$

则线性系统稳定的充分必要条件为：若特征方程式的各项系数都大于零（必要条件），且劳斯表中第一列元素均为正值，则所有的特征根均位于 s 左半平面，相应的系统是稳定的。否则，系统为不稳定或临界稳定，实际上，临界稳定也属于不稳定。劳斯表中第一列元素符号改变的次数等于该特征方程的正实部根的个数。

例3-6 已知系统的特征方程为 $D(s) = s^4 + 3s^3 + 3s^2 + 2s + 1 = 0$，判断系统稳定性，并确定正实部根的数目。

解：由系统特征方程系数列写劳斯表：

s^4	1	3	1
s^3	3	2	
s^2	$\frac{3 \times 3 - 1 \times 2}{3} = \frac{7}{3}$	$\frac{3 \times 1 - 1 \times 0}{3} = 1$	
s^1	$\frac{\frac{7}{3} \times 2 - 3 \times 1}{\frac{7}{3}} = \frac{5}{7}$		
s^0	1		

因为劳斯表第一列所有元素均大于0，故系统是稳定的，所有特征根均具有负实部，故系统正实部根的数目为0。

例 3－7 某三阶系统的特征方程式为 $a_0s^3+a_1s^2+a_2s+a_3=0$，试确定系统要稳定需要满足的条件。

解：列劳斯表

$$\begin{array}{lll} s^3 & a_0 & a_2 \\ s^2 & a_1 & a_3 \\ s^1 & \dfrac{a_1a_2-a_0a_3}{a_1} & \\ s^0 & a_3 & \end{array}$$

根据劳斯判据，系统要稳定，必须：①a_0、a_1、a_2、a_3 都大于零；②劳斯表第一列系数大于零。即 $a_1a_2-a_0a_3>0$，也就是 $a_1a_2>a_0a_3$，即两内项之积大于两外项之积。

例 3－8 系统如图 3－21 所示，为使系统稳定，试确定放大倍数 K 的取值范围。

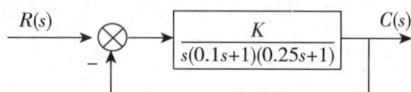

图 3－21 系统结构图

解：首先求出系统的闭环传递函数

$$\varphi(s)=\frac{C(s)}{R(s)}=\frac{K}{s(0.1s+1)(0.25s+1)+K}$$

系统的特征方程式为：

$$s(0.1s+1)(0.25s+1)+K=0$$

整理得：

$$s^3+14s^2+40s+40K=0$$

系统要稳定，必须①$K>0$ 和②$14\times40>40K$ 两个条件同时满足。则得系统稳定时 K 的取值范围为 $0<K<14$。

知识链接

控制系统稳定性

自动控制时域分析是研究控制系统在一定输入信号作用下其输出响应随时间变化规律的方法，主要涉及典型试验信号、一阶系统的时域响应、二阶系统的时域响应等方面的内容。

在自动控制领域，中国学者也取得了一些重要的研究成果。例如，在 1957 年的中国第一届力学会议上，东北工学院的谢绪恺教授提出了线性控制系统稳定性的新代数判据，该成果被命名为"谢绪恺判据"。后来，沈阳计算技术研究所研究员聂义勇改进了判据中的充分条件，更名为"谢绪恺－聂义勇判据"。"谢绪恺判据"与世界公认的两大判据——"劳斯判据"和"赫尔维茨判据"并列，为控制系统的稳定性分析提供了新的方法和思路。

第五节 控制系统的稳态误差分析

稳态误差是衡量控制系统最终精度的重要指标。上一小节分析的系统稳定性只取决于系统的结构参数，与系统的输入信号及初始状态无关。而系统稳态误差既与系统的结构参数有关，又和系统的输入信号密切相关。

一个系统的稳态误差必须控制在所允许的范围内，才有实用价值，否则降低了产品的质量或工作不合要求，同样不能进行实际工作。稳态误差有两种，一种是给定输入信号引起的，一种是扰动输入引起的。

一、误差与稳态误差

系统误差定义为被控量要求达到的值（或称期望值）与实际值的差值。对于图 3 – 22 所示的典型系统结构，其中 $G_1(s)$、$G_2(s)$、$H(s)$ 分别是控制装置、被控对象、反馈装置的传递函数，$D(s)$、$B(s)$、$E(s)$ 分别为扰动输入信号、反馈信号和误差信号。

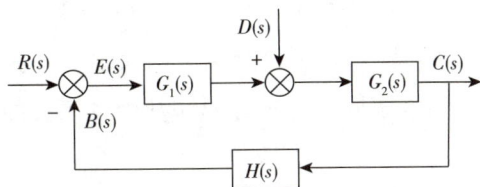

图 3 – 22　控制系统的典型结构

系统误差的定义有两种。

1. 从输入端定义　将给定信号作为期望值，反馈信号作为实际值 $e(t)=r(t)-b(t)$，经拉斯变换后可得：$E(s)=R(s)-B(s)=R(s)-H(s)C(s)$。例如，某调速系统给定输入为 10V 时，要求输出 1000r/min，而实际只有 950r/min，那么从输入端来看误差是多少呢？一般反馈环节是一个传感器，其作用是对不同量纲物理量做比例变换，其传递函数可看作简单的放大倍数，此题中反馈通道传递函数。按这个定义，输出的反馈值是可以测量的，为 9.5V，则误差信号为 0.5V。这种定义便于利用已有框图及现存误差信号 $E(s)$ 做理论分析，故采用较多。本节后亦用此定义。

2. 从输出端定义　显然，上例中 1000r/min – 950r/min =50r/min 就是从输出端定义的误差。它的优点是直观，物理概念明确。从输出端定义的误差 $E'(s)=\dfrac{R(s)}{H(s)}-C(s)$，相应的期望值为 $\dfrac{R(s)}{H(s)}$，即要进行一次折算。两种定义不同，计算所得的误差结果不同。

在单位反馈系统中，$H(s)=1$，两个定义可以统一为 $E(s)=R(s)-C(s)$。

稳态误差是衡量系统最终控制精度的重要性能指标。

稳态误差是指系统进入稳态后的误差，因此，不讨论动态过程中的情况，只有稳定的系统才存在稳态误差。

稳态误差的定义为 $e_{ss}=\lim\limits_{t\to\infty}e(t)$，稳态误差的计算：首先求出系统的误差信号的拉斯变换式 $E(s)$，再用终值定理求解。

$$e_{ss}=\lim_{t\to\infty}e(t)=\lim_{s\to0}sE(s) \tag{3 – 31}$$

二、给定输入下的稳态误差

由于稳态误差与系统结构及输入信号的形式有关，对于一个给定的稳定的系统，当输入信号形式一定时，系统是否存在误差就取决于开环传递函数描述的系统结构。下面讨论给定输入信号作用下的稳态误差求解的普遍规律。

设系统开环传递函数的一般形式为：

$$G(s)H(s)=\frac{K(\tau_1s+1)(\tau_2s+1)\cdots(\tau_ms+1)}{s^v(T_1s+1)(T_2s+1)\cdots(T_ns+1)}\quad(n\geqslant m) \tag{3 – 32}$$

式中，K 为系统的开环增益，即开环传递函数中各因式的常数项为 1 时的总比例系数；τ_i、T_j 为时间常数；v 为积分环节的个数，也称为系统的型号，对应于 $v=0$，1，2 的系统，分别称为 0 型、Ⅰ 型和 Ⅱ 型系统。由于 Ⅱ 型以上的系统实际上很难稳定，故在控制过程中一般很难遇到。

例 3 - 9 系统的开环传递函数为 $G(s)H(s)=\dfrac{10(s+2)}{s(s+5)}$，试确定其型号和开环增益 K 值。

解：将其开环传递函数变形为：

$$G(s)H(s)=\frac{4\left(\dfrac{1}{2}s+1\right)}{s\left(\dfrac{1}{5}s+1\right)}$$

并将其与开环传递函数的一般形式进行比较，可见其为 Ⅰ 型系统，开环增益 $K=4$。

确定系统的开环增益 K 值时，一定要确定开环传递函数中各因式的常数项为 1 时，此时开环传递函数的系数才是 K 值。

下面讨论不同系统在不同的输入信号作用下产生的稳态误差。由于实际输入信号多为阶跃信号、斜坡信号、加速度信号以及它们的组合，因此只考虑系统分别在阶跃信号、斜坡信号和加速度信号作用下的稳态误差计算问题。

1. 阶跃输入下的稳态误差

当输入信号为阶跃信号 $r(t)=R_0$ 时，$R(s)=\dfrac{R_0}{s}$

$$
\begin{aligned}
e_{ssr} &= \lim_{s\to0}sE_r(s)=\lim_{s\to0}s\,\frac{1}{1+G(s)H(s)}R(s)\\
&=\lim_{s\to0}s\,\frac{1}{1+G(s)H(s)}\times\frac{R_0}{s}=\lim_{s\to0}\frac{R_0}{1+G(s)H(s)}\\
&=\frac{R_0}{1+\lim\limits_{s\to0}G(s)H(s)}=\frac{R_0}{1+K_p}
\end{aligned}
\tag{3-33}
$$

0 型系统（$v=0$）中，$K_p=K$，稳态误差 $e_{ssr}=\dfrac{R_0}{1+K}$，Ⅰ 型和 Ⅱ 型系统（$v\geqslant0$）中，$K_p=\infty$ 稳态误差 $e_{ssr}=0$。

可见，当系统开环传递函数中有积分环节存在时，系统阶跃响应的稳态值将是无差的，而没有积分环节时，稳态为有差的。为了减小误差，应该适当提高放大倍数。但过大的 K 值，将影响系统的相对稳定性。

稳态误差为 0 的系统称为无差系统，稳态误差为非 0 有限值的系统称为有差系统。通常将系统在阶跃输入作用下的稳态误差称为静差，而将 0 型系统称为有静差系统或零阶无差度系统，Ⅰ 型系统也称为一阶无差度系统，Ⅱ 型系统也称为二阶无差度系统。

2. 斜坡信号输入下的稳态误差

当输入信号为斜坡信号 $r(t)=\vartheta_0t$ 时，$R(s)=\dfrac{\vartheta_0}{s^2}$

$$
\begin{aligned}
e_{ssr} &= \lim_{s\to0}s\,\frac{1}{1+G(s)H(s)}\times\frac{\vartheta_0}{s^2}\\
&=\lim_{s\to0}\frac{\vartheta_0}{s+sG(s)H(s)}\\
&=\frac{\vartheta_0}{\lim\limits_{s\to0}sG(s)H(s)}=\frac{\vartheta_0}{K_v}
\end{aligned}
\tag{3-34}
$$

0 型系统（$v=0$）中，$K_v=0$，稳态误差 $e_{ssr}=\infty$；

Ⅰ型系统($v=1$)中，$K_v=K$，稳态误差 $e_{ssr}=\dfrac{\vartheta_0}{K}$；

Ⅱ型系统($v=2$)中，$K_v=\infty$，稳态误差 $e_{ssr}=0$。

可见，在斜坡输入之下，0型系统的输出量不能跟踪其输入量的变化，这是因为它的输出量的速度小于输入量的速度，致使两者的差距不断加大，稳态误差趋于无穷大。Ⅰ型系统的输出量与输入量虽以相同的速度变化，但前者较后者在位置上落后一个常量，这个常量就是稳态误差。Ⅱ型及Ⅱ型以上系统的输出量与输入量不仅速度相等，而且位置相同，稳态误差为零。

斜坡输入作用下不同型别系统的稳态误差如图3-23所示。

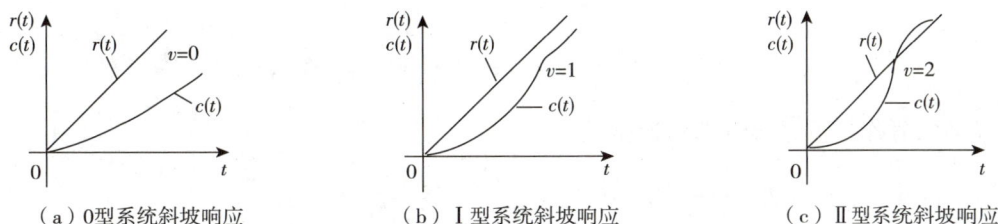

（a）0型系统斜坡响应　　　（b）Ⅰ型系统斜坡响应　　　（c）Ⅱ型系统斜坡响应

图3-23　斜坡输入作用下不同型别系统的稳态误差

3. 抛物线信号输入下的稳态误差

当输入信号为抛物线信号 $r(t)=\dfrac{1}{2}a_0t^2$ 时，$R(s)=\dfrac{a_0}{s^3}$

$$e_{ssr}=\lim_{s\to0}s\frac{1}{1+G(s)H(s)}\times\frac{a_0}{s^3}$$
$$=\frac{a_0}{\lim_{s\to0}s^2G(s)H(s)}=\frac{a_0}{K_a} \tag{3-35}$$

$v\leqslant1$ 时，$K_a=0$，$e_{ssr}=\infty$；

$v=2$ 时，$K_a=K$，$e_{ssr}=\dfrac{a_0}{K}$。

从以上分析可知：抛物线输入下0型系统和Ⅰ型系统均无法正常工作，其稳态误差趋于无穷大。

系统在给定输入信号作用下的稳态误差与输入信号和系统的开环传递函数有关。输入信号一定时，系统的型号越大，积分环节的个数越多，系统的稳态精度越高。系统的型号与输入信号次数对应时，开环增益K值越大，稳态误差越小，准确度越高。消除或减少系统稳态误差，必须增加积分环节个数和提高开环增益，而这与系统稳定性的要求是矛盾，如何合理解决这一矛盾，是系统设计任务之一。

例3-10　某系统的结构图如图3-24所示，求系统在给定信号$r(t)=1+2t$作用下的稳态误差e_{ssr}。

解：系统的开环传递函数 $G(s)H(s)=\dfrac{100\times2}{s(s+10)}=\dfrac{20}{s(0.1s+1)}$，可知该系统为Ⅰ型系统，开环增益$K=20$。

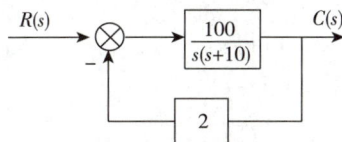

图3-24　系统结构图

$r_1(t)=1$　$e_{ssr1}=0$；$r_2(t)=2t$　$e_{ssr2}=\dfrac{\vartheta_0}{K}=\dfrac{2}{20}=0.1$

系统总的稳态误差 $e_{ssr}=e_{ssr1}+e_{ssr2}=0+0.1=0.1$。

三、扰动信号作用下的稳态误差

上一小节研究典型控制系统在有用输入信号作用下的误差信号和稳态误差的计算等问题。但在任何情况下，控制系统除了承受有用信号的作用外，还不可避免地受到扰动信号的作用（如负载力矩的变化、放大器的噪声、电源电压的波动等），从而影响系统的性能。故也需要研究扰动信号作用下所引起的稳态误差，它可以反映系统抑制干扰的能力，在理想情况下，系统对于任何扰动所引起的稳态误差应该为 0，而实际上是不可能的。

如图 3-22 所示的典型反馈控制系统中，当 $R(s)=0$ 时，系统结构图如图 3-25 所示。

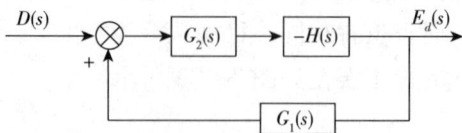

图 3-25　$R(s)=0$ 时反馈系统的结构图

可得到扰动信号作用下系统误差传递函数为：

$$E_d(s) = \varphi_{ed}D(s) = \frac{-G_2(s)H(s)}{1 + G_1(s)G_2(s)H(s)} \cdot D(s) \tag{3-36}$$

当 $G_1(s)G_2(s)H(s) \gg 1$ 时，上式可近似为 $E_d(s) \approx \dfrac{-1}{G_1(s)} \cdot D(s)$

根据终值定理，扰动作用下的稳态误差为：

$$e_{ssd} = \lim_{t \to \infty} e_d(t) = \lim_{s \to 0} s E_d(s) = \lim_{s \to 0} s \frac{-1}{G_1(s)} \cdot D(s) \tag{3-37}$$

例 3-11　对图 3-26 所示的两个系统，分别计算当扰动输入信号 $d(t)=1$ 时系统扰动作用下的稳态误差。

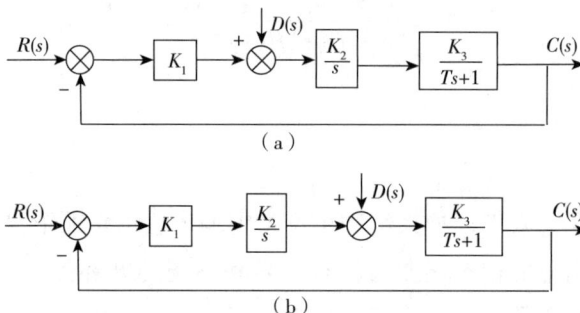

（a）

（b）

图 3-36　系统结构图

解：对图 3-36（a）套用公式（3-37）

$$e_{ssd} = \lim_{t \to \infty} e_d(t) = \lim_{s \to 0} s E_d(s) = \lim_{s \to 0} s \frac{-1}{G_1(s)} \cdot D(s)$$

可得：

$$e_{ssd} = \lim_{s \to 0} s \frac{-1}{K_1} \times \frac{1}{s} = -\frac{1}{K_1}$$

对图 3-36（b）同样套用公式可得：

$$e_{ssd} = \lim_{s \to 0} s \frac{-1}{\dfrac{K_1 K_2}{s}} \times \frac{1}{s} = 0$$

比较图 3-36（a）、（b）的两个系统可知，两个系统具有相同的开环传递函数，对给定输入信号将有相同的稳态误差，但扰动作用点不同，其扰动稳态误差将不同。

扰动作用之下的稳态误差的大小，除了与扰动信号 $D(s)$ 的形式和大小有关外，还与扰动作用点之前的传递函数 $G_1(s)$ 中积分环节的个数以及放大倍数 K_1 有关。$G_1(s)$ 中积分环节的个数越多、K_1 越大，扰动作用下稳态误差的绝对值越小。

目标检测

答案解析

一、选择题

1. 一阶系统 $G(s) = \dfrac{K}{Ts+1}$ 的放大系数 K 越小，则系统的输出响应的稳态值（　　）。

A. 不变　　　　　　　　B. 不定　　　　　　　　C. 越小　　　　　　　　D. 越大

2. 下列性能指标中的（　　）为系统的稳态指标。

A. $\sigma\%$　　　　　　　　B. t_s　　　　　　　　C. t_p　　　　　　　　D. e_{ss}

3. 对于欠阻尼的二阶系统，当阻尼比 ξ 保持不变时，（　　）。

A. 无阻尼自然振荡频率 ω_n 越大，系统的峰值时间 t_p 越大

B. 无阻尼自然振荡频率 ω_n 越大，系统的峰值时间 t_p 越小

C. 无阻尼自然振荡频率 ω_n 越大，系统的峰值时间 t_p 不变

D. 无阻尼自然振荡频率 ω_n 越大，系统的峰值时间 t_p 不定

4. 对于欠阻尼二阶系统，无阻尼自然振荡频率 ω_n 越大，超调量将（　　）。

A. 越大　　　　　　　　B. 越小　　　　　　　　C. 不变　　　　　　　　D. 不定

5. 已知系统开环传递函数为 $G(s) = \dfrac{K}{(s+0.5)(s+0.1)}$，则该闭环系统的稳定状况（　　）。

A. 稳定　　　　　　　　B. 不稳定　　　　　　　　C. 稳定边界　　　　　　　　D. 无法确定

6. 设一单位负反馈控制系统的开环传递函数为 $G(s) = \dfrac{4K}{s+2}$，要求 $K_P = 40$，则 $K = $（　　）。

A. 10　　　　　　　　B. 20　　　　　　　　C. 30　　　　　　　　D. 40

7. 决定系统静态性能和动态性能的是系统的（　　）。

A. 零点和极点　　　　　　　　　　　　B. 零点和传递系数

C. 极点和传递系数　　　　　　　　　　D. 零点、极点和传递系数

二、简答题

1. 什么是系统的稳定性？线性系统稳定的充分必要条件是什么？

2. 简述劳斯稳定判据。

3. 计算稳态误差一般有哪些方法？

书网融合……

本章小结

第四章 自动控制系统的频域分析

⇒ 案例分析

实例 频域分析是一种将时域信号（如生理信号随时间变化的情况）转换到频域进行研究和分析的方法。在医疗器械中，它主要是利用数学变换（如傅里叶变换等）将从人体采集到的各种生理信号（如心电图、脑电图、肌电图等）转换为频域表示。通过分析这些频域特征，可以获取关于生理系统的特定信息，比如信号的周期性、频率特性、各频率成分的能量分布等。这些信息对于理解人体生理机能的状态、诊断疾病、监测治疗效果、评估器官功能等方面具有重要意义。

例如，在脑电图中，可以定位癫痫病灶：分析特定频段的异常活动分布，有助于大致确定癫痫发作的起源区域。监测大脑功能状态：在麻醉过程中，通过频域特征来监测大脑皮层的抑制或兴奋程度，以确保麻醉效果和患者安全。分析睡眠分期：不同睡眠阶段脑电图在频域上有明显特征，可据此准确划分睡眠各阶段。

问题 1. 脑电图产生的机理是什么？

2. 通过对脑电图的频域分析可以得到哪些重要参数？

前面介绍的时域分析法是通过求解系统的微分方程来研究和分析系统的。当系统是高阶系统时，求解系统的微分方程是很困难的；另外，系统的时间响应没有明确反映出系统响应与系统结构、参数之间的关系，一旦系统不能满足控制要求，就很难确定如何去调整系统的结构和参数。

控制系统的频率法是经典控制理论中分析和设计系统的主要方法，在一定程度上克服了时域分析法的不足。根据系统的频率特性，可以直观地分析系统的稳定性。可以根据系统频率特性选择系统的结构和参数，使之满足控制要求。

第一节　频率特性

一、频率特性的定义

从数学意义上讲，傅里叶变换与拉普拉斯变换是等价的。所以，也可以根据傅里叶变换建立系统的数学模型。本节介绍工程上广泛应用的频率特性数学模型。与传递函数一样，频率特性仅适用于线性定常系统。

定义：线性定常系统的输出量的傅里叶变换与输入量的傅里叶变换之比，定义为系统的频率特性，记为 $G(j\omega)$，即

$$G(j\omega)=\frac{Y(j\omega)}{R(j\omega)} \tag{4-1}$$

从数学意义上，频率特性与传递函数存在下列简单的关系：

$$G(j\omega)=G(s)\big|_{s=j\omega} \tag{4-2}$$

也就是将系统传递函数中的 s 用 $j\omega$ 替换后就得到系统的频率特性；反之，将系统频率特性中的 $j\omega$ 用 s 替换就得到系统的传递函数。

根据上述关系可以容易地由传递函数求取系统的频率特性，这种方法通常称为频率特性的解析求法。

例如，惯性环节 $G(s)=\dfrac{1}{Ts+1}$ 的频率特性为 $G(j\omega)=\dfrac{1}{j\omega T+1}$。

频率特性一般是复变函数，所以可以表示为指数形式

$$G(j\omega)=\big|G(j\omega)\big|e^{j\angle G(j\omega)} \tag{4-3}$$

或者表示为极坐标形式

$$G(j\omega)=\big|G(j\omega)\big|\angle G(j\omega) \tag{4-4}$$

也可以表示为代数形式

$$G(j\omega)=Re\big[G(j\omega)\big]+j\mathrm{Im}\big[G(j\omega)\big] \tag{4-5}$$

各种表示方式之间可以相互转化。

频率特性是一种很重要的数学模型，基于频率特性分析与设计控制系统的频率法是工程上最常用的方法，所以是本课程的重点内容之一。

二、频率响应

正弦输入信号作用下线性定常系统的稳态响应称为系统的频率响应。

设线性定常系统的传递函数为：

$$G(s)=\frac{C(s)}{R(s)}=\frac{b_m s^m+\cdots+b_0}{a_n s^n+\cdots+a_0}\quad(n\geqslant m) \tag{4-6}$$

令 $r(t)=\sin\omega t$，即 $R(s)=\dfrac{\omega}{s^2+\omega^2}$，则：

$$C(s)=\frac{b_m s^m+\cdots+b_0}{a_n s^n+\cdots+a_0}\cdot R(s) \tag{4-7}$$

由拉氏逆变换得：

$$c(t)=\left(\sum C_i e^{s_i t}+\sum D_i t^{k-1}e^{s_i t}\right)+\left(Be^{-j\omega t}+\overline{B}e^{j\omega t}\right) \tag{4-8}$$

等式（4-8）第一部分为暂态分量。其中第一项对应特征方程的根为单根时的响应，第二项对应 k 重根时的响应。等式第二部分为稳态分量，它主要取决于输入函数。对于一个稳定系统，系统所有的特征根 s_i 的实部均为负，瞬态分量必将随时间趋于无穷大而衰减到零。因此，系统的稳态分量为：

$$c_{ss}(t)=Be^{-j\omega t}+\overline{B}e^{j\omega t}$$

式中，B、$\overline{B}$ 可用待定系数法求得。

$$B=G(s)\frac{\omega}{s^2+\omega^2}(s+j\omega)\Big|_{s=-j\omega}=-\frac{G(-j\omega)}{2j}$$

$$\overline{B}=G(s)\frac{\omega}{s^2+\omega^2}(s+j\omega)\Big|_{s=j\omega}=-\frac{G(j\omega)}{2j}$$

式中，$G(j\omega)$ 为复数变量，它可以通过模 $|G(j\omega)|=A(\omega)=\sqrt{[\mathrm{Re}G(j\omega)]^2+[\mathrm{Im}G(j\omega)]^2}$ 及幅角 $\angle G(j\omega)=\varphi(\omega)=\arctan\left[\dfrac{\mathrm{Im}G(j\omega)}{\mathrm{Re}(j\omega)}\right]$ 来表示，即：

$$G(j\omega)=A(\omega)e^{j\varphi(\omega)}\qquad G(-j\omega)=A(\omega)e^{-j\varphi(\omega)}$$

应用欧拉公式可得：

$$c_{ss}(t)=|G(j\omega)|\sin[\omega t+\varphi(\omega)]=A(\omega)\sin[\omega t+\varphi(\omega)] \tag{4-9}$$

式中，$A(\omega)$ 为输出稳态分量的振幅；$\varphi(\omega)$ 为输出稳态分量的初相角。

由上式可以得到：

（1）在正弦信号 $r(t)=\sin\omega t$ 的作用下，线性定常系统输出的稳态分量 $c_{ss}(t)$ 是与输入信号同频率的正弦信号。

（2）输出量与输入量幅值之比 $A(\omega)/1=|G(j\omega)|=A(\omega)$ 描述系统对不同频率正弦输入信号在稳态时的放大（或衰减）特性，称为幅频特性。

（3）输出稳态分量相对于正弦输入信号的相位差 $\varphi(\omega)=\angle G(j\omega)$ 描述系统稳态输出时对不同正弦输入信号在相位上产生的相角迟后（或超前）的特性，称为相频特性。

（4）幅频特性和相频特性统称为频率特性，频率特性适用于线性定常系统或元件。

三、频率特性的几何表示

频率法是一种图解方法，可用来在各种频率特性图上分析、设计系统。频率特性的图形表示形式主要有奈奎斯特（Nyquist）图、伯德（Bode）图和尼柯尔斯（Nichols）图等频率特性图。

原则上，这三种图都可以用来对系统进行分析和设计，但各有优点和缺点。例如，在奈奎斯特图上容易分析系统的稳定性，但由于难以精确绘制奈奎斯特图，所以，在奈奎斯特图上分析系统的暂态性能指标和进行系统设计是不合适的。与之相反，由于伯德图能够比较精确地绘制，所以，可以在伯德图上进行系统分析与设计。但是，在伯德图上进行系统稳定性分析，则不及奈奎斯特图直观，尤其是在 $\omega=0$ 附近处理很不方便。所以，一般在奈奎斯特图上分析系统稳定性，在伯德图上确定系统的相对稳定性和开环频域指标。在尼柯尔斯图上容易分析系统的闭环频域指标，但绘制尼柯尔斯图比较麻烦，而且在尼柯尔斯图上分析、设计系统不太方便，所以现在很少用尼柯尔斯图分析与设计系统。

本章着重介绍在奈奎斯特图上分析系统的稳定性，在伯德图上分析系统的相对稳定性指标。下面简单介绍一下奈奎斯特图和伯德图。

1. 奈奎斯特图（Nyquist 图）　在极坐标系中，奈奎斯特图是以 ω 为参变量，$|G(j\omega)|$ 为极径，$\angle G(j\omega)$ 为极角的频率特性图，也称为幅相频率特性图。在直角坐标系中，奈奎斯特图是以 ω 为参变量，$U(\omega) = \mathrm{Re}[G(j\omega)]$ 为横坐标，$V(\omega) = \mathrm{Im}[G(j\omega)]$ 纵坐标的频率特性图。

例如，惯性环节 $G(j\omega) = \dfrac{1}{1 + j\omega T}$ 的奈奎斯特图如图 4-1 所示。

其中

$$U(\omega) = \frac{1}{1 + (\omega T)^2}$$

$$V(\omega) = \frac{-\omega T}{1 + (\omega T)^2}$$

$$\left(U(\omega) - \frac{1}{2}\right)^2 + (V(\omega))^2 = \frac{1}{4}$$

关于奈奎斯特图的具体绘制方法，将在介绍奈奎斯特稳定判据时详细介绍。

图 4-1　惯性环节的奈奎斯特图

2. 伯德图（Bode 图）　伯德图的坐标系如图 4-2 所示。伯德图由两幅图组成。一幅是对数幅频特性图，在图 4-2（a）所示坐标系中绘制。横坐标是频率 ω，但是以对数分度，纵坐标是幅频特性的分贝值，即 $20\lg|G(j\omega)|$，表明了幅频特性与频率的关系。另一幅是对数相频特性图，在图 4-2（b）所示坐标系中绘制。横坐标仍然是频率 ω，也是以对数分度，纵坐标是相位角 $\angle G(j\omega)$，线性分度，表明了相频特性与频率的关系。

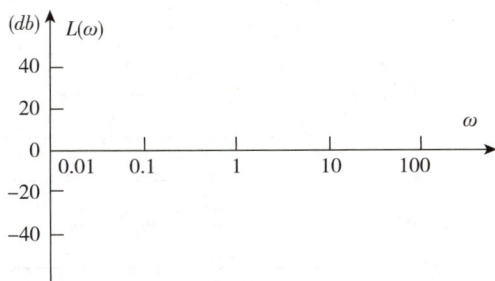

（a）对数幅频特性图坐标系

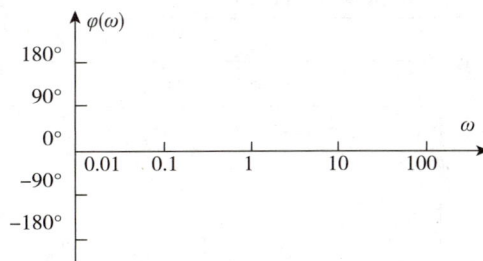

（b）对数相频特性图坐标系

图 4-2　伯德图坐标

在横坐标 ω 的对数分度中，频率每变化十倍，横坐标的间隔距离增加一个单位长度，称为一个十倍频程。在伯德图中，横坐标以对数分度，能够将切 ω 从 0 到无穷大紧凑地表示在一张图上，既能够清楚地表明频率特性的低频、中频段这些重要频段的频率特性，也能够大概地表示高频段部分的频率特性。对数幅频特性的纵坐标采用分贝（dB），具有鲜明的物理意义，而且能将取值范围为 0 到无穷大的幅频特性紧凑地表示在一张图上，特别是采用对数坐标后，幅频特性曲线能够用一些直线近似，从而大大地简化了伯德图的绘制。

第二节　典型环节的伯德图

控制系统通常是由一些典型环节通过一定的连接方式连接而成的。系统的伯德图是这些典型环节伯德图的叠加。因此，熟悉典型环节的伯德图，无论是对绘制一般系统的伯德图，还是用伯德图分析与设计系统都是必要的。需要注意的是，系统的奈奎斯特图就不是典型环节奈奎斯特图的叠加。因此，下面首先详细讨论典型环节的伯德图。

1. 放大环节

$$G(j\omega)=K \qquad (4-10)$$

放大环节的频率特性是一个与频率 ω 无关的常数，其对数幅频特性和对数相频特性都是一条水平直线，如图 4-3 所示。

2. 微分、积分环节

$$G(j\omega)=\frac{1}{(j\omega)^l} \quad (l=\pm 1,\pm 2,\cdots) \qquad (4-11)$$

$$L(\omega)=20\lg|G(j\omega)|=-l\cdot 20\lg\omega \qquad (4-12)$$

$$\varphi(\omega)=\angle G(j\omega)=-l\frac{\pi}{2} \qquad (4-13)$$

对数幅频特性是一条斜率为 $-l\cdot 20\mathrm{dB/dec}$ 的直线。对数相频特性与频率 ω 无关，是一条 $-90°$ 的水平线。微分积分环节的伯德图如图 4-4 所示。

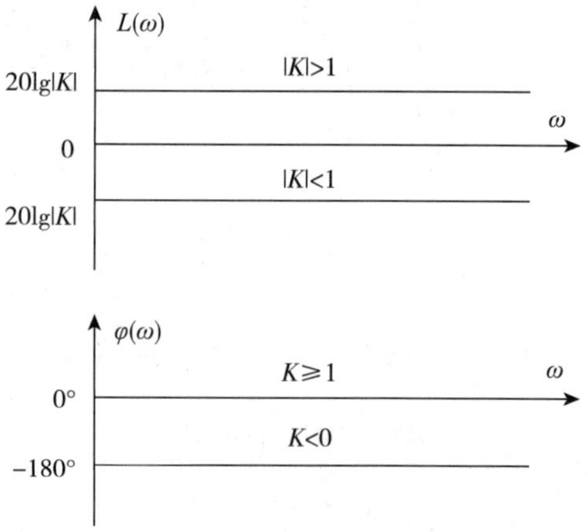

图 4-3　放大环节的伯德图

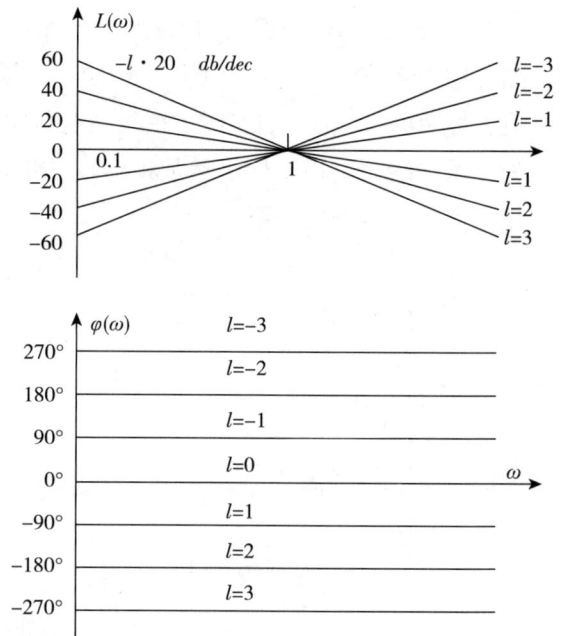

图 4-4　微分、积分环节的伯德图

3. 惯性环节

$$G(j\omega)=\frac{1}{1+j\omega T} \qquad (4-14)$$

$$L(\omega)=20\lg|G(j\omega)|=-20\lg\sqrt{1+\omega^2T^2} \qquad (4-15)$$

$$\varphi(\omega)=\angle G(j\omega)=-\mathrm{tg}^{-1}\omega T \qquad (4-16)$$

逐点取 ω 的值，可以精确地绘制出惯性环节的伯德图，如图 4-5 所示。

在用伯德图对系统进行初步分析与设计时，可以用图 4-5 中所示的渐近线近似。对数幅频特性曲线可近似地用上述两条直线表示，且它们相交于 $\omega=1/T$（转折频率）处，称为渐近对数幅频特性曲线，或折线对数幅频特性曲线。事实上，用渐近线代替精确曲线的误差，在转折频率 $\omega=1/T$ 处最大，最大误差为 3dB。这对系统的响应不会产生太大的影响，在工程上是容许的。当精度要求较高时，可以对渐进线进行修正。

4. 一阶微分环节

$$G(j\omega) = 1 + j\omega T \tag{4-17}$$

$$L(\omega) = 20\lg|G(j\omega)| = 20\lg\sqrt{1 + \omega^2 T^2} \tag{4-18}$$

$$\varphi(\omega) = \angle G(j\omega) = tg^{-1}\omega T \tag{4-19}$$

通过对比可见，一阶微分环节的对数幅频特性、相频特性与惯性环节只差一个负号，因此，两者的伯德图对称于横轴。一阶微分环节的伯德图如图4-6所示。

一阶微分环节的时间常数 T 改变时，其转折频率 $1/T$ 将在 Bode 图的横轴上向左或向右移动。与此同时，对数幅频特性及对数相频特性曲线也将随之向左或向右移动，但它们的形状保持不变。

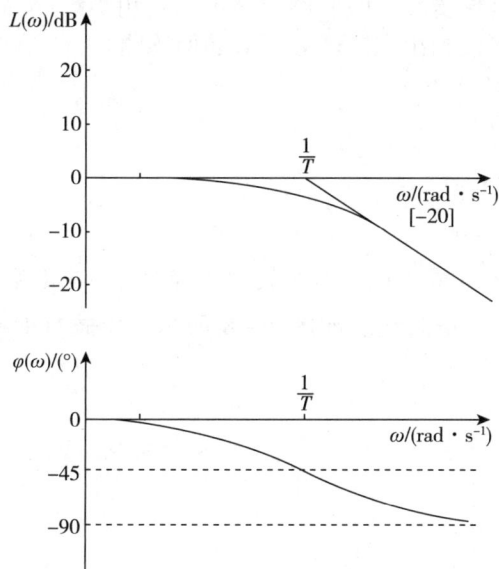

图4-5 惯性环节的伯德图　　　图4-6 一阶微分环节的伯德图

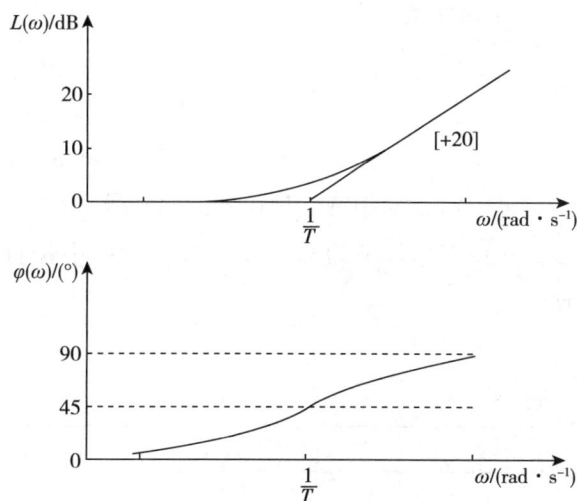

5. 振荡环节

$$G(j\omega) = \frac{1}{T^2(j\omega)^2 + 2\zeta T(j\omega) + 1} \tag{4-20}$$

$$L(\omega) = -20\lg\sqrt{(1 - \omega^2 T^2)^2 + (2\zeta\omega T)^2} \tag{4-21}$$

$$\varphi(\omega) = -tg^{-1}\frac{2\zeta\omega T}{1 - \omega^2 T^2} \tag{4-22}$$

可见，振荡环节的幅频特性和相频特性不仅与参数 T 有关，而且与阻尼比 ζ 有关，所以要精确绘制其伯德图是比较麻烦的。初步分析与设计系统时，可以采用渐近线，必要时再加以修正。下面讨论振荡环节的对数幅频特性曲线的渐近线。振荡环节的伯德图如图4-7所示。

（1）对数幅频特性　当 $\omega \ll 1/T$ 时，$L(\omega) \approx -20\lg1 = 0$，即低频区，对数幅频特性曲线为与横轴重合的直线；当 $\omega \gg 1/T$ 时，$L(\omega) \approx -40\lg\tau\omega = 0$，即高频区，对数幅频特性曲线为一条在 $\omega = 1/T$ 处穿越横轴且斜率为 -40dB/dec 的直线。

对数幅频特性曲线可近似用上述两条直线表示（渐近对数幅频特性曲线），且它们相交于 $\omega = 1/T$ 处。$\omega = 1/T$ 处的频率称为转折频率，也就是无阻尼自然角频率 ω_n。

（2）对数相频特性　当 $\omega = 0$ 时，$\varphi(\omega) = 0$；$\omega = 1/T$ 时，$\varphi(\omega) = -90°$；$\omega \to \infty$ 时，$\varphi(\omega) \to -180°$。对数相频特性曲线对应于 $\omega = 1/T$ 及 $\varphi(\omega) = -90°$ 这一点斜对称。振荡环节的对数相频特性既是 ω 的函

数，又是 ζ 的函数。随阻尼比 ζ 不同，对数相频特性在转折频率附近的变化速度也不同。ζ 越小，相频特性在转折频率附近的变化速度越大，而在远离转折频率处的变化速度越小。

T 改变时，其转折频率 $1/T$ 将在 Bode 图的横轴上向左或向右移动。与此同时，对数幅频特性及对数相频特性曲线也将随之向左或向右移动，但它们的形状保持不变。

6. 二阶微分环节

$$G(j\omega) = T^2 (j\omega)^2 + 2\zeta T(j\omega) + 1 \qquad (4-23)$$

$$L(\omega) = 20\lg\sqrt{[1 - T^2\omega^2]^2 + [2\zeta T\omega]^2} \qquad (4-24)$$

$$\varphi(\omega) = \text{arctg}\frac{2\zeta T\omega}{1 - T^2\omega^2} \qquad (4-25)$$

对比可见，二阶微分环节的对数幅频特性、相频特性与振荡环节的对数幅频特性、相频特性只差一个负号，因此，两者的伯德图也对称于横轴。利用对称性可以画出二阶微分环节的伯德图。

7. 滞后环节

$$G(j\omega) = e^{-j\omega\tau} \qquad (4-26)$$

$$L(\omega) = 20\lg|G(j\omega)| = 20\lg 1 = 0 \qquad (4-27)$$

$$\varphi(\omega) = \angle G(j\omega) = -\omega\tau \qquad (4-28)$$

可见，对数幅频特性是 0dB 的水平线。相频特性与频率 ω 成正比，但对数相频特性是在半对数坐标系中，所以滞后环节的对数相频特性特性不是直线，而是一条曲线。如图 4-8 所示。由式（4-28）可得：

$$\varphi(\omega) = -\tau\omega$$

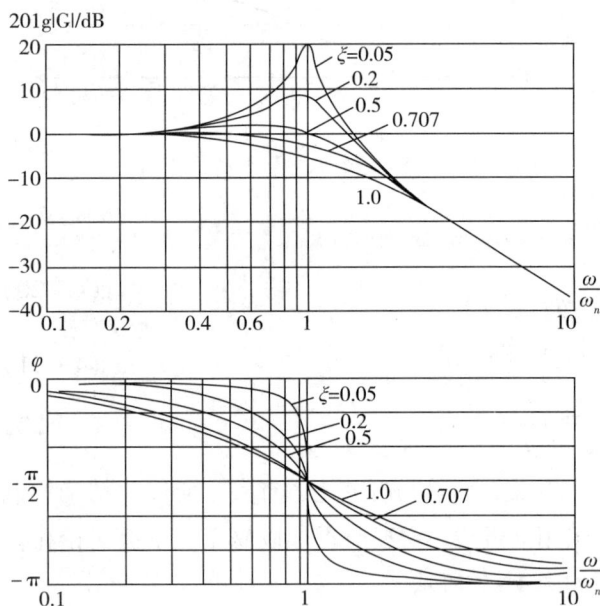

图 4-7　振荡环节的伯德图

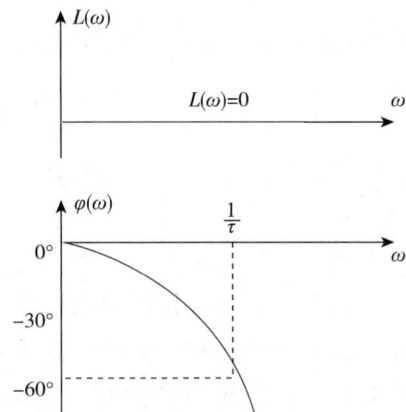

图 4-8　滞后环节的伯德图

第三节　控制系统开环频率特性的伯德图

控制系统开环频率特性的伯德图是频域分析、设计系统的基础。根据典型环节的伯德图，容易绘制出系统开环频率特性的伯德图。开环频率特性的对数幅频特性、相频特性曲线就是各个环节的对数幅频特性、相频特性曲线的叠加。因此，画出各个环节的对数幅频特性和相频特性曲线，然后进行叠加，即可得到开环频率特性的对数幅频特性、相频特性曲线。

绘制伯德图的一般步骤如下。

（1）将传递函数写成伯德标准型，确定开环传递系数和各转折频率。

（2）绘制对数坐标，并将各个转折频率标注在坐标轴上。

（3）确定低频段。

开环对数幅频特性在第一个转折频率以前的部分称为低频段。对数幅频特性和0dB线交点处的频率附近的频段称为中频段，交点频率称为开环截止频率，或称穿越频率。在最后一个转折频率以后的频段称为高频段。低频段与中频段之间，中频段与高频段之间并没有明显的界限。

因为在第一个转折频率以前，惯性、振荡、一阶和二阶微分环节等对数幅频特性的渐近线都为0dB，所以，对数幅频特性渐近线的低频段仅决定于比例、微分和积分这几个环节。

（4）绘制开环对数幅频特性的渐近线。

将低频段延伸到下一个转折频率处。如果该转折频率是惯性环节的转折频率，那么，开环对数幅频特性的渐近线下降20dB/dec；如果该转折频率是振荡环节的转折频率，那么，开环对数幅频特性的渐近线下降40dB/dec；如果该转折频率是一阶微分环节的转折频率，那么，开环对数幅频特性的渐近线增加20dB/dec；如果该转折频率是二阶微分环节的转折频率，那么，开环对数幅频特性的渐近线增加40dB/dec。然后再延伸到下一个转折频率，并对渐近线的斜率进行同样的处理，一直到最后一个转折频率，就能绘制出整个开环对数幅频特性的渐近线。

（5）在转折频率处进行适当修正，可以得到较为准确的对数幅频特性。

（6）绘制相频特性曲线。

由于曲线的叠加仍然是曲线，没有明显的规律，所以，一般先绘制各个环节的对数相频特性曲线，然后逐点叠加得到对数相频特性曲线。一般在一些特征点上进行叠加，如各个转折频率处。这不像对数幅频特性曲线有简便的绘制方法。

例4-1　系统的开环传递函数为 $G_K(s) = \dfrac{10}{(s+1)(0.2s+1)}$，试绘制系统的开环对数频率特性曲线。

解：由传递函数知，系统的开环频率特性为：

$$G_K(j\omega) = \frac{10}{(j\omega+1)(j0.2\omega+1)}$$

对数幅频特性表达式为：

$$L(\omega) = 20\lg|G_K(j\omega)| = 20\lg10 - 20\lg\sqrt{1+\omega^2} - 20\lg\sqrt{1+(0.2\omega)^2}$$
$$= L_1(\omega) + L_2(\omega) + L_3(\omega)$$

对数相频特性表达式为 $\varphi(\omega) = 0 - \arctan(\omega) - \arctan(0.2\omega) = \varphi_1(\omega) + \varphi_2(\omega) + \varphi_3(\omega)$ 由以上两式，可以画出系统的开环对数幅频和相频特性曲线，如图4-9所示。

例4-2　已知开环传递函数：$G_K(s) = \dfrac{5}{s(0.1s+1)}$，试绘制系统的开环对数频率特性曲线。

解：该系统是由一个比例、一个积分、一个惯性环节串联组成的，其频率特性为：

$$G_K(j\omega) = \frac{5}{j\omega(j0.1\omega+1)}$$

对数幅频特性为：

$$L(\omega) = 20\lg5 - 20\lg\omega - 20\lg\sqrt{1+(0.1\omega)^2}$$
$$= L_1(\omega) + L_2(\omega) + L_3(\omega)$$

对数相频特性表达式为 $\varphi(\omega)=0-90°-\arctan(0.1\omega)=\varphi_1(\omega)+\varphi_2(\omega)+\varphi_3(\omega)$

由以上两式,可以画出系统的开环对数幅频和相频特性曲线,如图 4-10 所示。

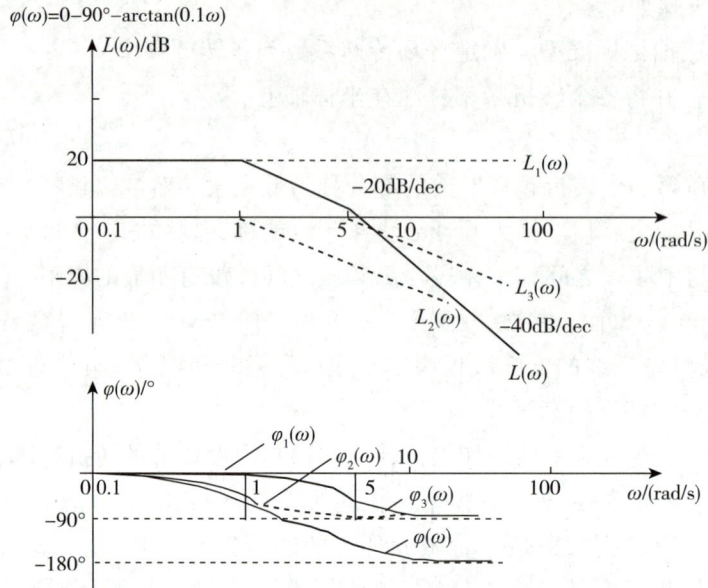

$\varphi(\omega)=0-90°-\arctan(0.1\omega)$

图 4-9 开环系统幅频特性和相频特性图

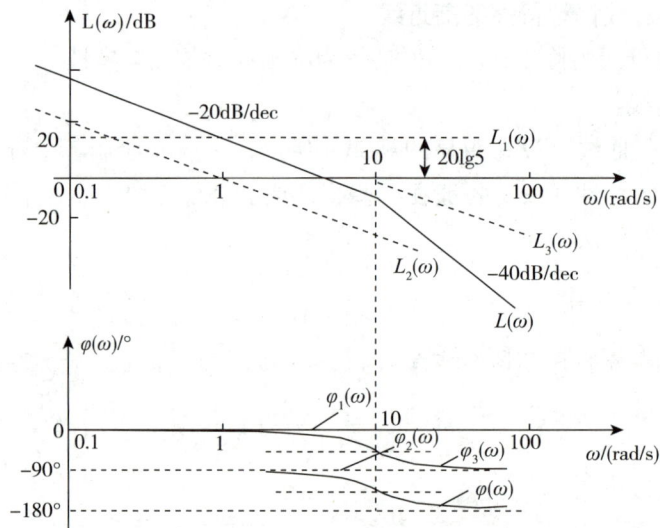

图 4-10 开环系统幅频特性和相频特性图

知识链接

频域分析的应用场景

频域分析具有广泛的应用场景,除了前面提到的在医疗器械中的应用外,还包括以下方面。

1. 通信领域 用于分析信号的带宽、频谱利用率、信号调制与解调等。

2. 音频处理 如声音的音色分析、音频滤波、扬声器和音响系统的设计与优化。

3. 图像处理 可用于图像的频率特征分析,在图像压缩、滤波等方面发挥作用。

4. 结构振动分析 了解结构体的振动模态、固有频率等,对结构设计和故障诊断很重要。

> **5. 电力系统**　分析电力信号的频率特性，监测电网质量和故障诊断。
>
> **6. 雷达与声纳系统**　分析回波信号的频率分布，以检测目标和获取信息。
>
> **7. 控制系统**　用于系统的稳定性分析、控制器设计等。
>
> **8. 地震学**　研究地震波的频率特征来了解地下结构。
>
> **9. 天文学**　分析天体辐射的频谱特征。
>
> **10. 材料分析**　评估材料的力学性能与频率的关系。

第四节　奈奎斯特稳定判据

前面介绍了代数稳定判据，它是基于系统的微分方程、传递函数等参数模型判别系统稳定性。但在工程中，比较原始、直接的资料是用实验得到的频率特性的实验数据，所以工程技术人员更希望直接用系统的频率特性等实验数据来分析与设计系统。1932 年，美国 Bell 实验室的奈奎斯特提出了这样一种方法。这种方法是用系统的开环幅相频率特性曲线判别系统的稳定性，称为奈奎斯特稳定判据。

奈奎斯特稳定判据：设系统有 P 个开环极点在右半 s 平面，当 ω 从 $-\infty$ 变到 $+\infty$ 时，若奈奎斯特曲线绕 $G(j\omega)H(j\omega)$ 平面的 $(-1, j0)$ 点 N 圈，（参考方向为顺时针），则系统有 $Z = N + P$ 个闭环极点在右半 s 平面。若 $Z = 0$，则系统是稳定的。当奈氏曲线穿过 $(-1, j0)$ 点时，系统临界稳定。

解释：（1）若开环传递函数有正极点，且个数为 P。闭环系统稳定的充要条件是，开环幅相特性曲线 $G(j\omega)H(j\omega)$，当 ω 从 $-\infty$ 变化到 $+\infty$ 时，逆时针包围 $(-1, j0)$ 点的圈数 $N = P$。否则系统不稳。

（2）若开环传递函数无正极点，即个数为 $P = 0$。闭环系统稳定的充要条件是，开环幅相特性曲线 $G(j\omega)H(j\omega)$，当 ω 从 $-\infty$ 变化到 $+\infty$ 时，不包围 $(-1, j0)$ 点，即圈数 $N = 0$。否则系统不稳。用式子表示 $Z = N + P$ 要闭环系统稳定，必须 $Z = 0$。

系统开环幅相频率特性曲线反映系统响应的动态性能，曲线的轨迹进入不稳定区域，就会造成系统的不稳定，在实际中力求系统的轨迹进入响应特性最佳区域。个人人生轨迹也是如此，要有不能触碰的禁区，同时应该能够清楚自己未来发展的最佳方向，对社会做出更大的贡献，这一切源于社会要求的清楚认知，以及自我的深刻认识，达到自我发展和社会需要的统一。

应用奈奎斯特稳定判据判别系统稳定性，需要绘制或者由实验得到奈奎斯特曲线，并确定奈奎斯特曲线绕 $G(j\omega)H(j\omega)$ 平面的 $(-1, j0)$ 点的圈数 N，在右半 S 平面的开环极点数 P 以及在右半 S 平面的闭环极点数 $Z = N + P$。

奈奎斯特曲线的画法：因为奈奎斯特曲线的精确形状，对于 N 值的确定并不重要，所以，只要根据一些特征画出奈奎斯特曲线的大致形状即可。事实上，要在 $\omega = 0 \rightarrow +\infty$ 的范围内精确画出奈奎斯特曲线也是不可能的，因为通常有 $\lim\limits_{\omega \to 0} |G(j\omega)H(j\omega)| = \infty$，显然不可能画无穷大的坐标图。

例 4 - 3　某单位反馈系统，开环传递函数为：$G_K(s) = \dfrac{2}{s-1}$，试用奈氏判据判别系统稳定性。

解：由开环传递函数可知，有一个正极点，即 $P = 1$；当 $\omega : 0 \rightarrow \infty$ 时，逆时针包围点 $(-1, j0)$ 一圈，即 $N = 1$。$Z = P - N = 0$。所以系统稳定。

例 4 - 4　已知系统的开环传递函数为 $G(s)H(s) = \dfrac{K}{(T_1 s + 1)(T_2 s + 1)}$，用奈氏判据判别系统稳定性。

解：由于开环传递函数在 s 平面的原点没有极点，所以选择奈氏路径如图 4 − 11 所示。

系统的频率特性为：$G(j\omega)H(j\omega) = \dfrac{K}{(j\omega T_1 + 1)(j\omega T_2 + 1)}$ 则：

$$\lim_{\omega \to 0} |G(j\omega)H(j\omega)| = K$$

$$\lim_{\omega \to 0} \angle G(j\omega)H(j\omega) = 0$$

$$\lim_{\omega \to +\infty} |G(j\omega)H(j\omega)| = 0$$

$$\lim_{\omega \to +\infty} \angle G(j\omega)H(j\omega) = -\pi$$

容易看出，当 $\omega = 0 \to +\infty$ 时，$\angle G(j\omega)H(j\omega) = 0 \to -\pi$，所以，这部分奈奎斯特曲线总在实轴下方，与负实轴不相交。根据上面的分析以及对称性，可以画出系统的奈奎斯特曲线如图 4 − 12 所示。

因为 $N_+ = N_- = 0$，$N = N_+ - N_- = 0$，又由于开环传递函数在 S 平面的右半平面没有极点，即 $P = 0$，所以，$Z = N + P = 0$，因此，该系统是稳定的。

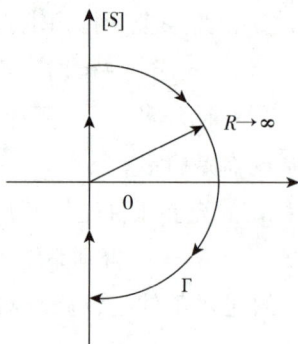

图 4 − 11　奈氏路径

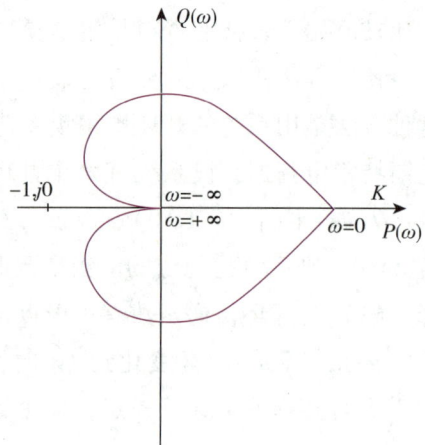

图 4 − 12　例 4 − 4 的奈氏曲线

目标检测

答案解析

一、选择题

1. 积分环节的幅频特性，其幅值和频率成（　　）。

A. 指数关系　　　　　　　B. 正比关系　　　　　　　C. 反比关系　　　　　　　D. 不定关系

2. 输出信号与输入信号的相位差随频率变化的关系是（　　）。

A. 幅频特性　　　　　　　B. 相频特性　　　　　　　C. 传递函数　　　　　　　D. 频率响应函数

3. 设积分环节的传递函数为 $G(s) = \dfrac{K}{s}$，则其频率特性幅值 $M(\omega) =$（　　）。

A. $\dfrac{K}{\omega}$　　　　　　　　B. $\dfrac{K}{\omega^2}$　　　　　　　　C. $\dfrac{1}{\omega}$　　　　　　　　D. $\dfrac{1}{\omega^2}$

4. 如果二阶振荡环节的对数幅频特性曲线存在峰值，则阻尼比 ξ 的值为（　　）。

A. $0 < \xi < 0.707$　　　　B. $0 < \xi < 1$　　　　C. $\xi > 0.707$　　　　D. $\xi > 0.707$

5. 设开环系统频率特性为 $G(j\omega)=\dfrac{2}{j\omega(1+j\omega)^2}$，则其频率特性的奈奎斯特图与负实轴交点的频率值 ω 为（ ）。

    A. $\dfrac{\sqrt{2}}{2}\text{rad/s}$ B. 1rad/s C. $\sqrt{2}\,\text{rad/s}$ D. 2rad/s

6. 设开环系统频率特性为 $G(j\omega)=\dfrac{1}{j\omega(j\omega+1)(j2\omega+1)}$，则其频率特性的极坐标图与负实轴交点的频率值 ω 为（ ）。

    A. $\dfrac{\sqrt{2}}{2}\text{rad/s}$ B. 1rad/s C. $\sqrt{2}\,\text{rad/s}$ D. 2rad/s

二、简答题

1. 奈奎斯特稳定判据的内容是什么？
2. 系统开环对数幅频率渐近特性曲线的三个频段是如何划分的？

书网融合……

本章小结

第五章　控制系统的校正

学习目标

1. 掌握　控制系统设计的一般步骤，系统校正在系统设计中的地位和作用；基于频率法的超前、迟后、迟后 – 超前分析法校正方法。

2. 熟悉　P 调节器、PD 调节器、PI 调节器、PID 调节器的作用及其对系统的影响；各种调节器参数的校正；

3. 了解　工程上应用广泛的按最佳二阶系统的设计方法。

4. 学会基于频率法的超前、滞后、滞后 – 超前分析法校正方法。

➡ 案例分析

实例　控制系统的校正在医疗器械中的应用可以提高医疗器械的准确性、可靠性和安全性。例如，输液泵的输液精度自动校准：在输液泵中，控制系统可以根据预设的输液速度和时间，精确控制输液的流量和速度。通过使用传感器实时监测输液的实际流量和速度，并与预设值进行比较，控制系统可以自动调整输液的参数，以确保输液的精度和准确性。

问题　1. 输液泵工作过程中校正的参数是什么？

　　　　2. 试阐述输液泵自动校准系统的工作原理。

一个控制系统一般可分为被控环节、控制器环节和反馈环节三个部分，其中被控环节和反馈环节一般是根据实际对象而建立的模型，是不可变的，因此根据要求对控制器进行设计是控制系统设计的主要任务。同时，系统设计的目的是对控制性能进行校正，因此控制器（又称补偿器或调节器）的设计又称控制系统的校正。

本章主要介绍系统校正的作用和方法，分析串联校正、反馈校正和复合校正对系统动静态性能的影响。

第一节　校正的基本概念

一、控制系统的设计步骤

完成一个控制系统的设计任务，往往需要经过反复修改才能得到比较合理的结构形式和满意的性能。系统的设计一般有以下几步。

1. 拟定性能指标　性能指标是设计控制系统的依据，因此，必须合理地拟定性能指标。在不少设计中，有些指标往往不是明确告知的，而是由设计人员根据设计要求进行转换的。

系统性能指标要切合实际需要，既要使系统能够完成给定的任务，又要考虑实现条件和经济效果。但在设计过程中，往往会发现很难满足给定的性能指标要求，或者设计出的控制系统造价太高，需要对给定的性能指标做必要的修改。

2. 初步设计　是控制系统设计中重要的一环，主要包括以下内容。

（1）根据设计任务和设计指标，初步确定比较合理的设计方案，选择系统的主要元件，拟出控制系统的原理图。

（2）建立所选元件的数学模型，并进行初步的稳定性分析和动态性能分析。一般来说，这时的系统虽然在原理上能够完成给定的任务，但系统的性能一般不能满足要求。

（3）对于不满足性能要求的系统，可以在其中加一些元件，使系统的性能指标达到要求。这一步就是本章学习的系统校正。

（4）综合分析各种方案，选择最合适的方案。

3. 原理试验　根据初步设计确定的系统工作原理，建立试验模型，进行原理试验。根据原理试验的结果，对原定方案进行局部的甚至全部的修改，调整系统的结构和参数，进一步完善设计方案。

4. 样机生产　目的主要是进行实际的运行和接受环境条件的考验。根据运行和试验的结果，进一步改进设计。在完全达到设计要求的情况下，即可将设计确定下来并交付生产。

可见，一个控制系统的设计要经过多次反复试验与修改，才能逐步完善。设计的完善与合理性在很大程度上取决于设计者的经验。

二、校正的概念

初步设计出的系统一般来说是不满足性能指标要求的。一个很自然的想法是在已有系统中加入一些参数和结构可以调整的装置，来改善系统的性能。从理论上讲，这是完全可行的，因为加入了校正装置就改变了系统的传递函数，也就改变了系统的动态特性。

校正就是在原有系统中增加一些装置和元件，人为改变系统的结构和性能，使之满足性能指标要求。增加的装置和元件称为校正装置和校正元件。系统中除校正装置以外的部分，组成了系统的不可变部分，称为固有部分。

例如，要设计一个调速系统，就要根据系统的调速范围、调速精度等，确定需采用的直流调速方式；根据系统的输出功率和供给的能源形式，选择晶闸管整流装置及相应的触发电路等；根据负载和调速精度的要求，选择直流电动机及相应的励磁电路等；根据调速精度，选择测速发电机作为测量元件。这样，系统的结构和主要元件就选定了。直流电动机调速系统原理图如图 5-1 所示。

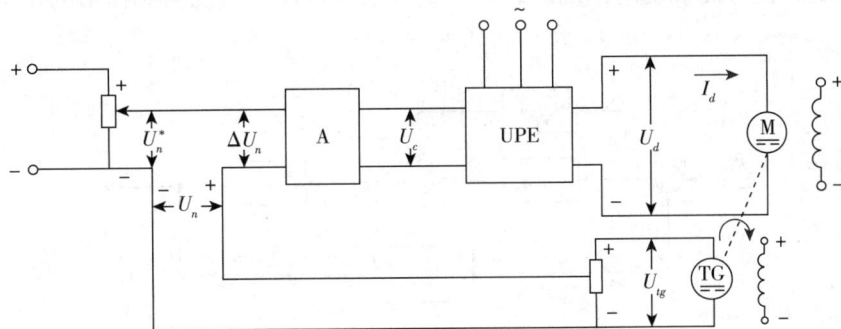

图 5-1　直流电动机调速系统原理图

该调速系统中的电压比较环节 $\Delta U_n = U_n^* - U_n$，电压调节器（UPE），直流电动机及其励磁电路、测速发电机等装置，一经选定后都有固定的特性，这些特性在系统校正中不再改变，称为不可变部分。而相应的用作校正的元件（如放大器 A），其参数和结构在设计过程中可根据性能指标的要求而定，称为可变部分。

三、校正的方式

根据校正装置在系统中的不同位置，控制系统的校正一般有串联校正、反馈校正和复合校正三种方式。

1. 串联校正　校正装置串联在系统固有部分的前向通道中，称为串联校正，如图5-2所示。为减小校正装置的功率等级，降低校正装置的复杂程度，校正装置通常安排在前向通道中功率等级最低的点上。串联校正装置一般接在系统的前向通道中，接在系统误差测量点之后和放大器之前。后续内容会介绍串联校正的作用。

图5-2　串联校正

2. 反馈校正　校正装置与系统固有部分按反馈方式连接，形成局部反馈回路，称为反馈校正，如图5-3所示。

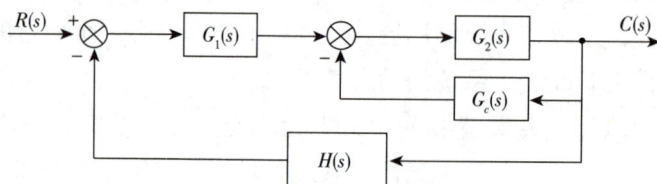

图5-3　反馈校正

3. 复合校正　是在反馈校正的基础上，引入输入补偿构成的校正方式。其在反馈控制回路中，加入前馈校正通路。可以分为以下两种：①引入给定输入信号补偿；②引入扰动输入信号补偿，如图5-4所示。校正装置将直接或间接测出给定输入信号和扰动输入信号，这些信号经过适当变换后，作为附加校正信号输入系统，使可测扰动对系统的影响得到补偿，从而抵消扰动对输出的影响，提高系统的控制精度。

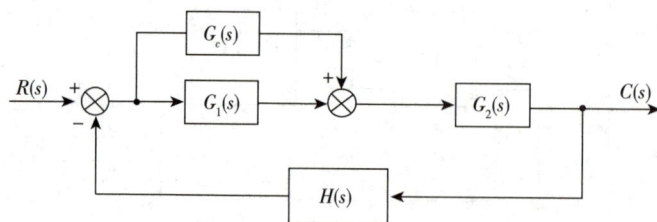

图5-4　复合校正

第二节　PID基本控制规律及对性能的影响

控制系统的串联校正方框图如图5-2所示，其中$G_c(s)$为控制器的传递函数，$G(s)$为系统固有部分的传递函数。控制器是设计者根据对系统性能的要求选定的，它对偏差信号$e(t)$进行适当的变换，以获得满足性能要求的控制信号$m(t)$，这种变换就称为控制规律。

在工业控制中，控制器的控制规律由比例控制规律（P）、积分控制规律（I）、微分控制规律（D）这三种基本控制规律组成。按照这三种基本控制规律进行的控制，在控制系统中习惯称为PID控制。而这些控制器通常串联在系统的前向通道中，起着串联校正的作用。

一、比例（P）控制器

比例（P）控制器是具有比例控制规律的器件，输入偏差$e(t)$与控制器的输出信号$m(t)$的关系如下：

$$m(t) = K_p e(t) \tag{5-1}$$

传递函数为：

$$G_c(s) = K_p \tag{5-2}$$

式中，K_p称为比例系数。比例控制简称P控制。

P控制器方框图如图5-5所示。P控制器的单位阶跃响应如图5-6所示。

图5-5　P控制器方框图

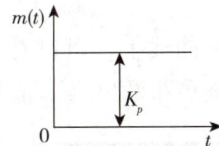

图5-6　P控制器的单位阶跃响应

比例控制是一种简单的控制方式。其控制器的输出与输入偏差信号成比例。

P控制器实质上是一个具有可调增益的放大器。比例控制器的输入和输出是同步变化的，没有惯性和时间上的延迟，响应快，输出和输入成比例变化，这是比例控制器最突出的优点。正是由于这个优点，比例控制成为一种重要的基本控制规律。所有的工业控制器都包含比例控制器，比例控制器也可以单独构成控制器。

在串联校正中，增大控制器增益K_p，可以提高系统的开环增益，减小系统的稳态误差，从而提高系统的控制精度，但会降低系统的相对稳定性，甚至可能造成闭环系统不稳定。因此，在系统校正设计中，很少单独使用比例控制器。

例5-1　图5-7为随动系统框图，$G_1(s)$为随动系统的固有部分，其开环传递函数为：

$$G_1(s) = \frac{k_1}{s(1 + T_1 s)(1 + T_2 s)}$$

若其中$k_1 = 35$，$T_1 = 0.2\text{s}$，$T_2 = 0.01\text{s}$。设$K_p = 0.5$，分析比例校正对系统性能的影响。

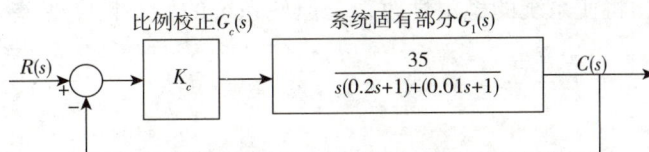

图5-7　具有P控制器的系统方框图

解：校正前后的开环传递函数如下：

校正前：$G(s) = \dfrac{35}{s(1+0.01s)(1+0.2s)}$

校正后：$G(s) = \dfrac{17.5}{s(1+0.01s)(1+0.2s)}$

校正前后控制系统的对数频率特性曲线如图 5-8 所示。

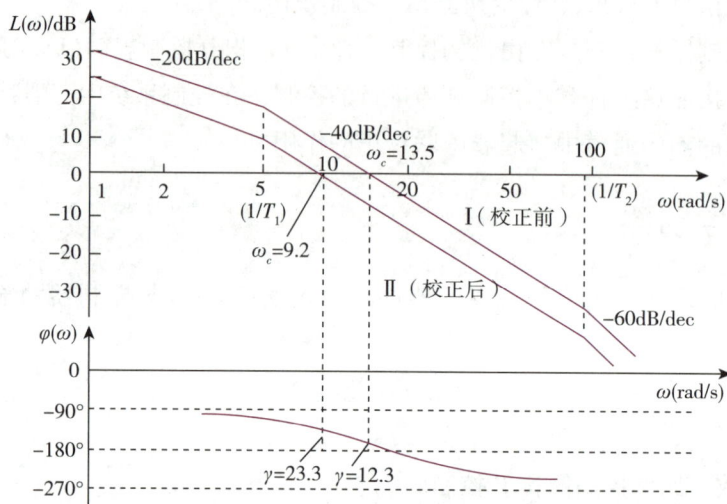

图 5-8   校正前后控制系统的对数频率特性曲线

对照曲线 Ⅱ 和曲线 Ⅰ，可以看出，降低增益后，穿越频率 ω_c 降低，从而使系统的快速性变差。通过仿真得到单位阶跃响应曲线，如图 5-9 所示。

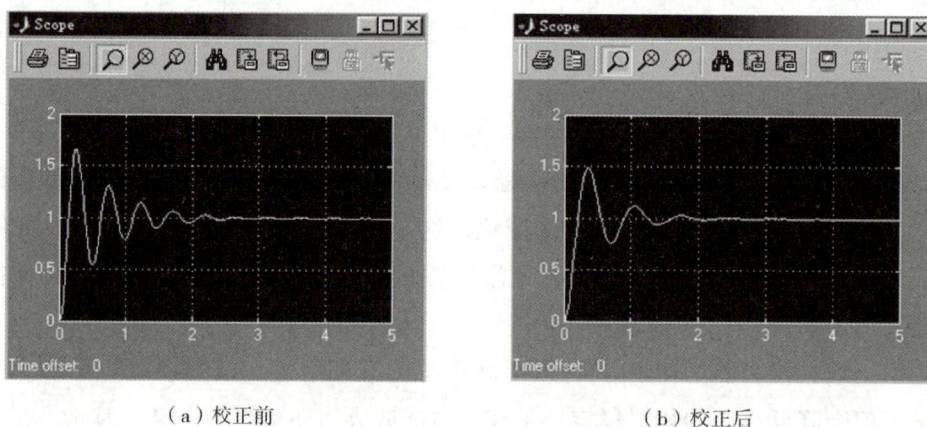

（a）校正前   （b）校正后

图 5-9   仿真得到校正前后的单位阶跃响应曲线

比较校正前、校正后的单位阶跃响应曲线，不难看出，降低系统增益后，系统的相对稳定性得到改善，超调量下降，振荡次数减少。σ 由 70% 减小到 50%，N 由 5 次减少到 3 次。但是系统的速度跟随稳态误差 e_{ssr} 将增大一倍，系统的稳态精度变差。

综上所述：降低增益，将使系统的稳定性改善，但使系统的稳态精度变差。当然，若增大增益，系统性能的变化与上述相反。

二、比例微分（PD）控制器

具有比例微分控制规律的控制器，称为 PD 控制器。输入偏差信号 $e(t)$ 与控制器的输出信号 $m(t)$ 有如下关系：

$$m(t) = K_p e(t) + K_p \tau \frac{de(t)}{dt} \tag{5-3}$$

传递函数为：

$$G_c(s) = K_p(1 + \tau s) \tag{5-4}$$

式中，τ 称为微分时间常数。比例微分控制简称 PD 控制。

PD 控制器方框图如图 5-10 所示。实际 PD 控制器的单位阶跃响应如图 5-11 所示。

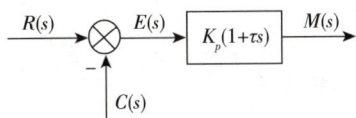

图 5-10　PD 控制器方框图

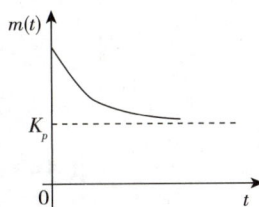

图 5-11　PD 控制器的单位阶跃响应

PD 控制器的输出是比例作用的输出和微分控制作用的输出之和。微分控制能够反映信号的变化（变化趋势），具有"预报"作用，因此，它能在误差信号变化前给出校正信号，防止系统出现过大的偏离期望值和振荡的倾向，有效增强了系统的相对稳定性。但是微分控制在偏差信号变化极其缓慢或无偏差信号时，将失去控制作用，故它不能单独作为串联校正装置使用。

例 5-2　图 5-12 所示为具有 PD 控制器的系统方框图，系统固有部分的传递函数为：

$$G_1(s) = \frac{k_1}{s(1 + T_1 s)(1 + T_2 s)}$$

若其中 $K_1 = 35$，$T_1 = 0.2\text{s}$，$T_2 = 0.01\text{s}$。分析比例微分校正对系统性能的影响。

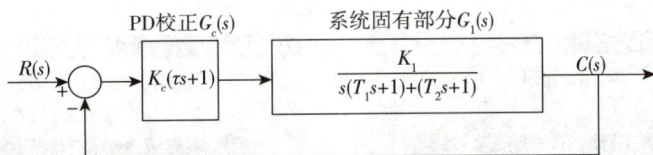

图 5-12　具有 PD 控制器的系统方框图

解：设 $K_p = 1$（为避开增益改变对系统性性能的影响），同样简化起见，这里的微分时间常数 $\tau = T_1 = 0.2\text{s}$，这样，系统的开环传递函数变为：

$$G(s) = G_c(s)G_1(s) = K_p(\tau s + 1)\frac{k_1}{s(1 + T_1 s)(1 + T_2 s)} = \frac{k_1}{s(1 + T_2 s)} = \frac{35}{s(1 + 0.01s)}$$

校正前后控制系统的对数频率特特性曲线如图 5-13 所示。

图 5-13 中，曲线 I 为系统固有部分对数频率特性曲线，曲线 II 为 PD 控制器的对数频率特性曲线，曲线 III 为校正后的对数频率特性曲线，它是曲线 I 和曲线 II 的叠加。由图可知，曲线 III 已被校正成典型 I 型系统。

对照曲线 III 和曲线 I，可以看出，增设 PD 控制器后的以下变化。

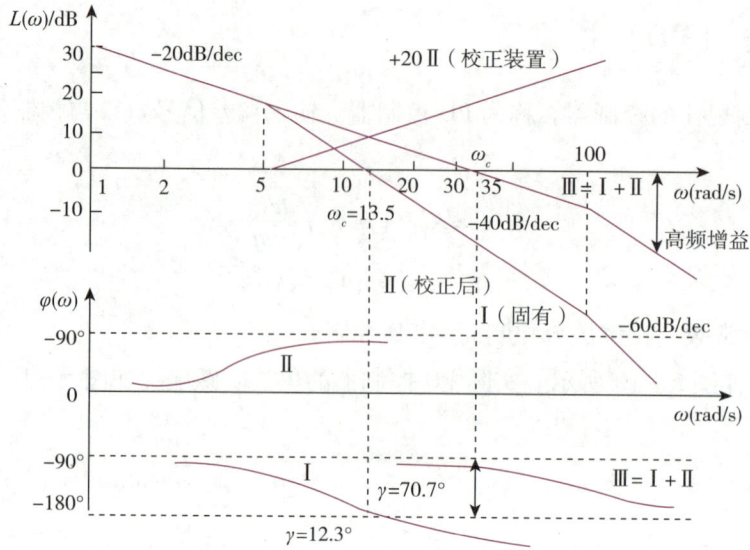

图 5-13　校正前后控制系统的对数频率特特性曲线

（1）PD 控制器起使相位超前的作用，可以抵消惯性环节使相位滞后的不良后果，从而使系统的稳定性得到显著改善。

（2）使穿越频率 ω_c 提高，从而改善了系统的快速性，使调整时间减少，调整时间 t_s 由 2.5s 减少至 0.1s。

（3）PD 控制器使系统的高频增益增大。而很多干扰信号都是高频信号，因此比例微分校正容易引入高频干扰，这是它的缺点。

（4）比例微分校正对系统的稳态误差不产生直接的影响。

由于 PD 控制器可使相位超前，以抵消惯性环节和积分环节使相位滞后而产生的不良后果，因此比例微分控制相当于超前校正。

通过仿真得到单位阶跃响应曲线，如图 5-14 所示。

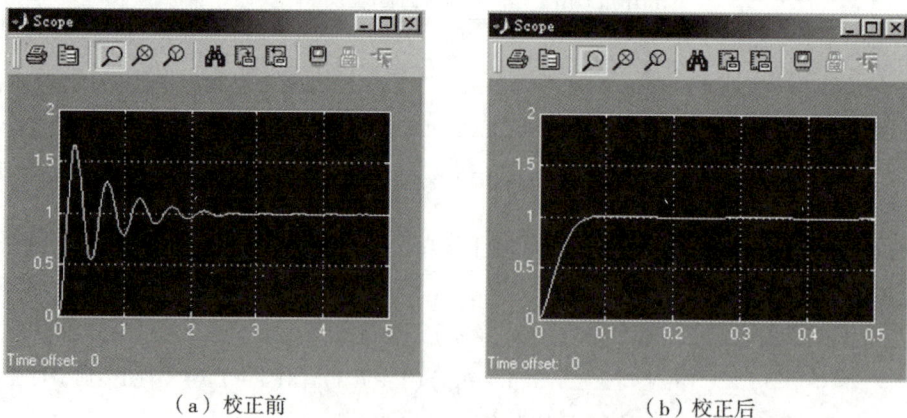

（a）校正前　　　　　　　　（b）校正后

图 5-14　仿真得到的单位阶跃响应曲线

比较校正前、校正后的单位阶跃响应曲线，不难看出，比例微分校正能使系统的稳定性和快速性得到改善，但对稳态误差几乎不产生影响。

三、比例积分（PI）控制器

具有比例-积分控制规律的控制器，称为 PI 控制器。输入偏差信号 $e(t)$ 与控制器的输出信号 $m(t)$ 有如下关系：

$$m(t) = K_p e(t) + \frac{K_p}{T_i} \int_0^t e(t) \, dt \tag{5-5}$$

传递函数为：

$$G_c(s) = K_p \left(1 + \frac{1}{T_i s}\right) \tag{5-6}$$

式中，T_i 称为积分时间常数。比例积分控制简称 PI 控制。

PI 控制器方框图如图 5-15 所示。PI 控制器的单位所跃响应如图 5-16 所示。

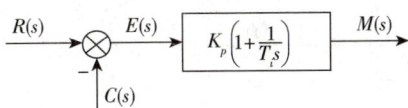

图 5-15　PI 控制器方框图　　　　图 5-16　PI 控制器的单位阶跃响应

PI 控制器的输出是比例控制作用的输出和积分控制作用的输出之和。积分控制与比例控制不同，积分控制作用的输出不仅与输入的偏差信号的大小有关，还与偏差信号作用的时间长短有关。即使偏差信号很小，只要作用的时间足够长，输出仍可能较大。所以积分控制的显著特点是有消除稳态误差的作用。PI 控制器结合了比例控制器和积分控制器两者的优点，克服了双方的缺点，具有响应较快，能消除稳态误差的作用，因而是一种应用广泛的控制器。

例 5-3　图 5-17 所示为具有 PI 控制器的调速系统方框图，系统固有部分的传递函数为：

$$G_1(s) = \frac{3.2}{(1+0.33s)(1+0.036s)}$$

若其中 $K_1 = 3.2$，$T_1 = 0.33s$，$T_2 = 0.036s$。分析说明 PI 控制器对系统性能的影响。

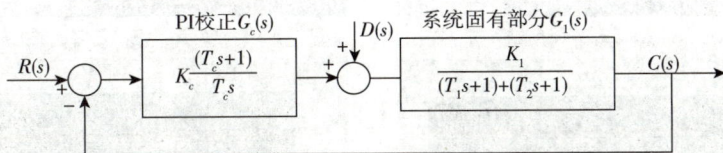

图 5-17　具有 PI 控制器的调速系统方框图

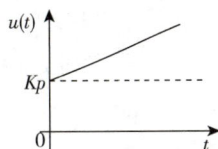

解：为了实现无静差，可在系统前向通道中功率放大环节前，增设速度调节器，其传递函数为

$$G_c(s) = \frac{K_p(T_i s + 1)}{T_i s}$$

为了使分析简明起见，取 $T_i = T_1 = 0.33s$。今取 $K_p = 1.3$，校正后的开环传递函数为：

$$G(s) = G_c(s) G_1(s) = \frac{K_p(T_i s + 1)}{T_i s} \frac{k_1}{(1+T_1 s)(1+T_2 s)}$$

$$= \frac{1.3(0.33s + 1)}{0.33s} \frac{3.2}{(1+0.33s)(1+0.036s)} = \frac{12.6}{s(1+0.0365s)} = \frac{K}{s(1+T_2 s)}$$

式中，$K = 12.6$。校正前后控制系统的对数频率特性曲线如图 5-18 所示。

图 5-18 中，曲线 I 为系统固有部分对数频率特性曲线，曲线 II 为 PI 控制器的对数频率特性曲线，

曲线Ⅲ为校正后的对数频率特性曲线，它是曲线Ⅰ和曲线Ⅱ的叠加。由图可知，曲线Ⅲ已被校正成典型Ⅰ型系统。

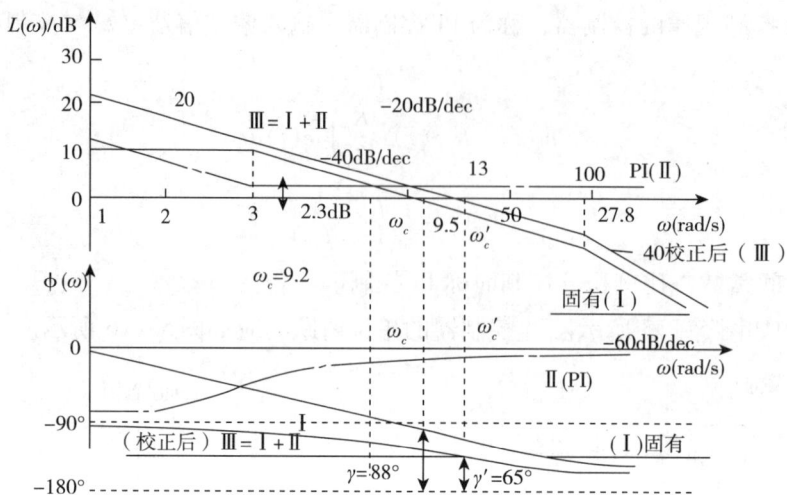

图5-18　校正前后控制系统的对数频率特性曲线

对照系统校正前后的曲线Ⅰ和曲线Ⅲ，可以看出，增设PI控制器后的以下变化。

（1）在低频段，系统的稳态误差显著减小，从而改善了系统的稳态性能。

（2）在中频段，相位裕量将减小，系统的超调量将增加，降低了系统的稳定性。

（3）在高频段，校正前后系统的稳定性变化不大。

（4）比例积分校正对系统的稳态误差不产生直接的影响。

由于PI只在低频段出现较大的相位滞后，因而将其串入系统后，应将其交界频率设置在系统穿越频率的左边，并远离系统穿越频率，以减小对系统稳定裕量的影响。因此，比例积分控制相当于滞后校正。

通过仿真得到单位阶跃响应曲线，如图5-19所示。

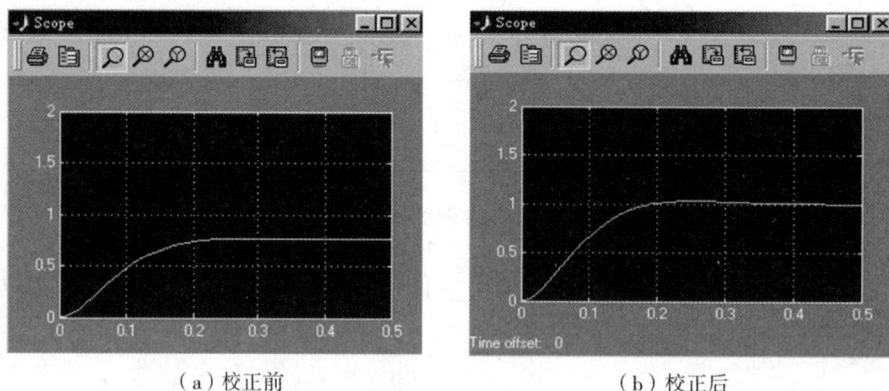

（a）校正前　　　　　　　　　　（b）校正后

图5-19　仿真得到的单位阶跃响应曲线

比较校正前、后的单位阶跃响应曲线，比例积分控制能使系统的稳态性能得到明显的改善，但使系统的稳定性变差。为了能兼得二者的优点，又尽可能减小两者的副作用，常采用比例积分微分（PID）校正。

四、比例积分微分（PID）控制器

比例积分微分（PID）控制器是具有比例积分微分控制规律的控制器，常称为 PID 控制器。输入偏差信号 $e(t)$ 与控制器的输出信号 $m(t)$ 有如下关系：

$$m(t) = K_p e(t) + \frac{K_p}{T_i} \int_0^t e(t)\,dt + K_p \tau e(t) \tag{5-7}$$

传递函数为：

$$G_c(s) = K_p \left(1 + \frac{1}{T_i s} + \tau s \right) \tag{5-8}$$

式中，K_p 称为比例系数；T_i 称为积分时间常数；τ 称为微分时间常数。

PID 控制器的方框图如图 5-20 所示。实际 PID 控制器的单位阶跃响应如图 5-21 所示。

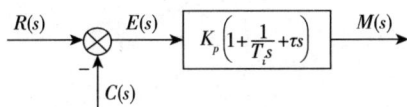

图 5-20 PID 控制器的方框图

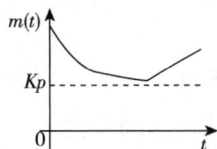

图 5-21 PID 控制器的单位阶跃响应

从图 5-21 可以看出，在单位阶跃输入信号作用下，控制系统动态过程的初始阶段，微分控制作用的输出很大，产生了一个大幅度的超前控制作用，加快了系统的响应速度。

微分控制作用随后逐渐减小，而积分控制作用则逐步加强，直到稳态误差完全消失，比例控制作用始终存在。在 PID 控制中，比例控制是基本控制作用，而微分和积分则是叠加在比例控制上的，在控制系统动态过程的不同阶段，发挥不同的作用。动态过程初期，要求响应速度快，这时利用比例控制无时间延迟和微分控制有较大超前控制作用的特点。动态过程后期，要求控制精度高，这时利用比例控制与积分控制能消除稳态误差的特点。

例 5-4 图 5-22 所示为随动系统方框图。采用 PID 控制器，将系统固有部分合并后如图 5-23 所示。图 5-22 中 T_m 为伺服电动机的机电时间常数，设 $T_m = 0.2\text{s}$；T_x 为检测滤波时间常数，设 $T_x = 0.01\text{s}$；τ_0 为晶闸管延迟时间或触发电路滤波时间常数，设 $\tau_0 = 5\text{ms}$；K_1 为系统的总增益，设 $K_1 = 35$。分析说明 PID 控制器对系统性能的影响。

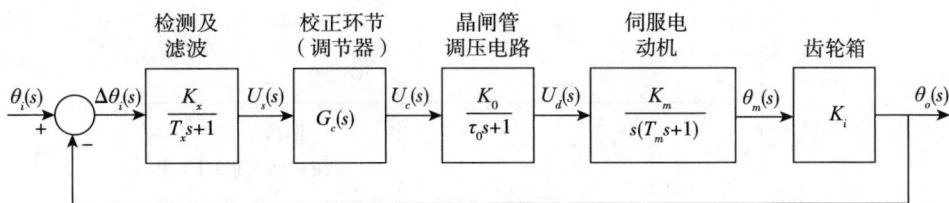

图 5-22 随动系统

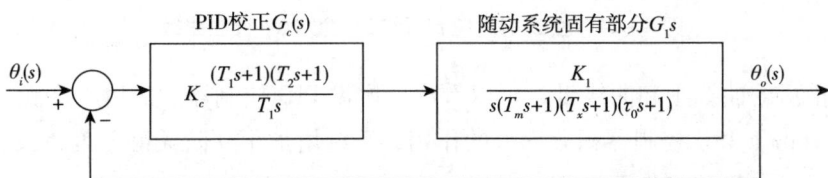

图 5-23 具有 PID 控制器的系统方框图

解：设 PID 调节器的传递函数为：

$$G_c(s) = \frac{K_p(T_1 s + 1)(T_2 s + 1)}{T_1 s}$$

于是校正后系统的开环传递函数为：

$$G(s) = G_c(s) G_1(s) = \frac{K_p(T_1 s + 1)(T_2 s + 1)}{T_1 s} \cdot \frac{K_1}{s(T_m s + 1)(T_x s + 1)(\tau_0 s + 1)}$$

设 $T_1 = T_m = 0.2\text{s}$，并且为了使校正后的系统有足够的相位裕量，取 $T_2 = 10T_x = 0.1\text{s}$，$K_p = 2$。

校正前后控制系统的对数频率特性曲线如图 5－24 所示。

图 5－24 中曲线 Ⅰ 为系统固有部分对数频率特性曲线，曲线 Ⅱ 为 PID 控制器的对数频率特性曲线，PID 控制器的传递函数为：

$$G_c(s) = \frac{K_p(T_1 s + 1)(T_2 s + 1)}{T_1 s} = \frac{2(0.2s + 1)(0.1s + 1)}{0.2s}$$，曲线 Ⅲ 为校正后的对数频率特性曲线，它是曲线 Ⅰ 和曲线 Ⅱ 的叠加。

校正后系统的传递函数为：

$$G(s) = G_c(s) G_1(s) = \frac{2(0.2s + 1)(0.1s + 1)}{0.2s} \cdot \frac{35}{s(0.2s + 1)(0.1s + 1)(0.005s + 1)}$$

$$= \frac{350(0.1s + 1)}{s^2(0.01s + 1)(0.005s + 1)}$$

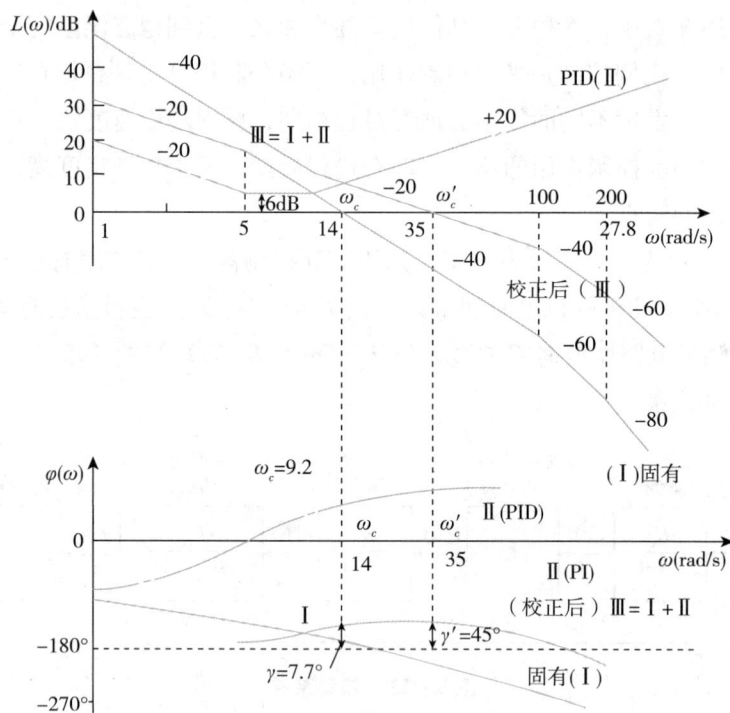

图 5－24　校正前后控制系统的对数频率特性曲线

对照系统校正前后的曲线 Ⅰ 和曲线 Ⅲ，可以看出，增设 PID 控制器后的以下变化。

（1）在低频段　由于 PID 控制器积分部分的作用，系统增加了一阶无静差度，改善了系统的稳态性能，使输入等速信号由有静差变为无静差。

（2）在中频段　由于 PID 控制器微分部分的作用（进行相位超前校正），使系统的相位裕量增加，这使得最大超调量减小，振荡次数减小，从而改善了系统的动态性能（相对稳定性和快速性均有所改善）。

（3）在高频段 由于 PID 控制器微分部分的作用，使高频增益有所增加，从而降低系统的抗高频干扰的能力。

由于 PID 校正使系统在低频段相位后移，而在中、高频段相位前移，因此 PID 校正又称为相位滞后 - 超前校正。

通过仿真得到单位阶跃响应曲线，如图 5 - 25 所示。

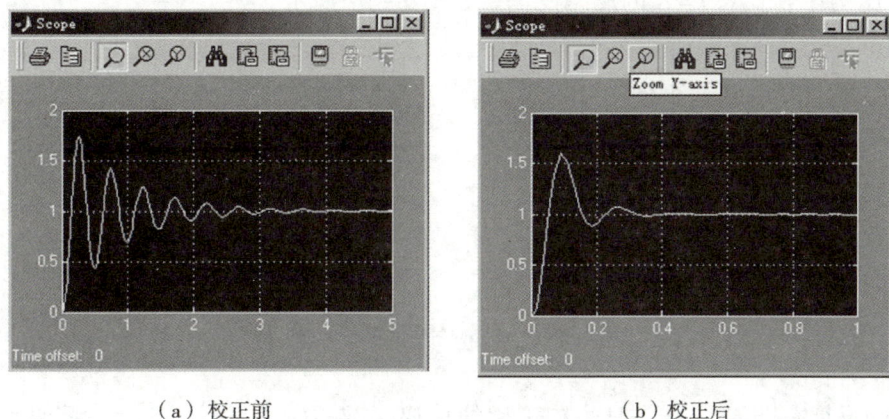

（a）校正前   （b）校正后

图 5 - 25 仿真得到的单位阶跃响应曲线

比较校正前、后的单位阶跃响应曲线，比例积分微分（PID）校正使得系统的稳态性能和动态性能均得到了较好的改善，因此在要求较高的场合，较多采用 PID 校正。

第三节 反馈校正和复合校正

一、反馈校正

在主反馈环内，为改善系统性能而加入的反馈称为局部反馈。反馈校正除了与串联校正同样的校正效果，还具有串联校正没有的效果。

1. 反馈校正的方式 通常反馈校正可以分为硬反馈和软反馈。硬反馈校正装置的主体是比例环节（可能还含有小惯性环节），$G_c(s) = \alpha$（常数），它在系统的动态和稳态过程中都起反馈校正作用；软反馈校正装置的主体是微分环节（可能还含有小惯性环节），它的特点是只在动态过程中起校正作用，而在稳态时，相当于开路，不起作用。

在图 5 - 26 中，设固有系统被包围环节的传递函数为 $G_2(s)$，反馈校正环节的传递函数为 $G_c(s)$，则校正后系统被包围部分的传递函数变为：$\dfrac{X_2}{X_1} = \dfrac{G_2(s)}{1 + G_c(s)G_2(s)}$，反馈校正的作用如下：

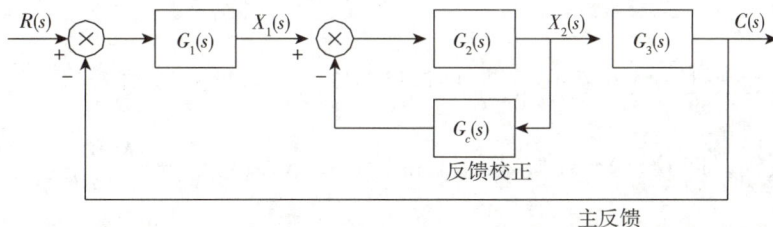

图 5 - 26 反馈校正在系统中的位置

（1）可以改变系统被包围环节的结构和参数，使系统的性能达到所要求的指标。

（2）可以消除系统固有部分中不希望有的特性，从而可以削弱被包围环节对系统性能的不利影响。

$G_c(s)G_2(s) \gg 1$ 时，$\dfrac{X_2}{X_1} = \dfrac{G_2(s)}{1 + G_c(s)G_2(s)} \approx \dfrac{1}{G_c(s)}$，所以被包围环节的特性主要由校正环节决定，但此时对反馈环节的要求较高。

例 5 – 5　对比例环节 $G_2(s) = K$ 的反馈校正。如图 5 – 27 所示。

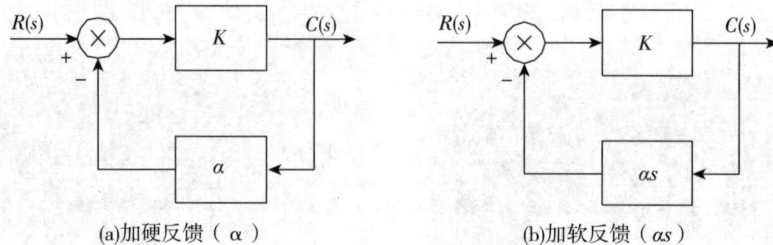

(a)加硬反馈（α）　　(b)加软反馈（αs）

图 5 – 27　比例环节反馈校正图

解：当采用硬反馈，即 $G_c(s) = \alpha$ 时，校正后的传递函数 $G(s) = \dfrac{K}{1 + \alpha K}$，增益降低为原来的 $\dfrac{K}{1 + \alpha K}$，对于那些因增益过大而影响系统性能的环节，采用硬反馈是一种有效的方法。

当采用软反馈，即 $G_c(s) = \alpha s$ 时，校正后的传递函数 $G(s) = \dfrac{K}{1 + \alpha K s}$，比例环节变为惯性环节，惯性环节时间常数变为 αK，动态过程变得平缓。对于希望过渡过程平缓的系统，经常采用软反馈。

例 5 – 6　对系统的积分环节 $G_2(s) = k/s$ 进行局部反馈。如图 5 – 28 所示。

解：当采用硬反馈，即 $G_c(s) = \alpha$ 时，校正后的传递函数为：

$G(s) = \dfrac{k}{s + \alpha K} = \dfrac{1/\alpha}{(1/\alpha K)s + 1}$，含有积分环节的单元被硬反馈包围后，积分环节变为惯性环节，惯性环节时间常数变为 $1/\alpha K$，增益变为 $1/\alpha$，有利于系统的稳定，但稳态性能变差。

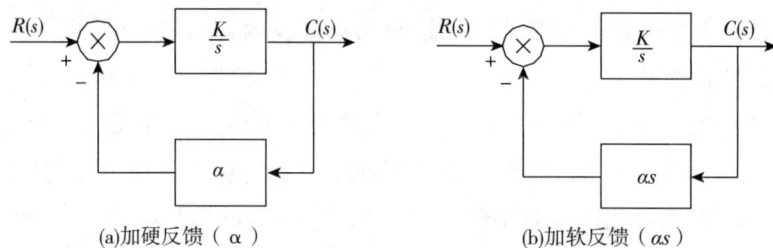

(a)加硬反馈（α）　　(b)加软反馈（αs）

图 5 – 28　积分环节反馈校正图

当采用软反馈，即 $G_c(s) = \alpha s$ 时，校正后的传递函数 $G(s) = \dfrac{K/s}{1 + \alpha K} = \dfrac{K}{(1 + \alpha K)s}$，仍为积分环节，增益降为 $1/(1 + \alpha K)$。

例 5 – 7　对系统的惯性环节 $G_2(s) = \dfrac{K}{1 + Ts}$ 进行局部反馈。如图 5 – 29 所示。

解：当采用硬反馈，即 $G_c(s) = \alpha$ 时，校正后的传递函数 $G(s) = \dfrac{K}{Ts + 1 + \alpha K} = \dfrac{K/(1 + \alpha K)}{\dfrac{T}{1 + \alpha K}s + 1}$，惯性环节的时间常数和增益均降为原来的 $1/(1 + \alpha K)$，从而提高系统的稳定性和快速性。

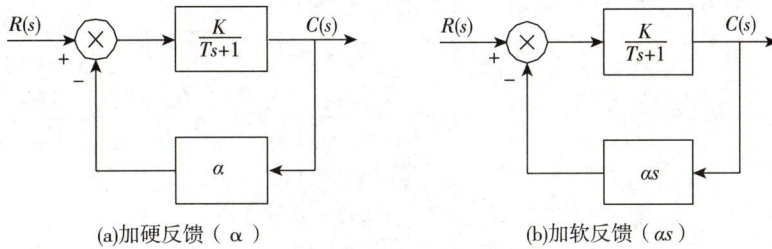

(a)加硬反馈（α）　　　　　　　　　(b)加软反馈（αs）

图 5 − 29　惯性环节反馈校正图

当采用软反馈，即 $G_c(s) = \alpha s$ 时，校正后的传递函数 $G(s) = \dfrac{K}{(T + \alpha K)s + 1}$，仍为惯性环节，时间常数增加为原来的 $T + \alpha K$ 倍。

二、复合校正

1. 按输入补偿的复合校正　当系统的输入量可以直接或间接获得时，在输入端通过引入输入补偿这一控制环节，构成复合控制系统，如图 5 − 30 所示。

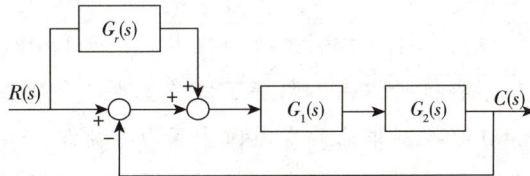

图 5 − 30　按输入补偿的复合校正

$$C(s) = \{ G_r(s)R(s) + [R(s) - C(s)] \} G_1(s)G_2(s)$$
$$= G_1(S)G_2(s)G_r(s)R(s) + G_1(s)G_2(s)R(s) - G_1(s)G_2(s)C(s)$$

整理得：$C(s) = \dfrac{G_1(s)G_2(s)G_r(s) + G_1(s)G_2(s)}{1 + G_1(s)G_2(s)} R(s)$

误差为：$E(s) = R(s) - C(s) = \dfrac{1 - G_1(s)G_2(s)G_r(s)}{1 + G_1(s)G_2(s)} R(s)$

如果满足 $1 - G_1(s)G_2(s)G_r(s) = 0$，则系统完全复现输入信号（$E(s) = 0$），从而实现输入信号的全补偿。当然，要实现全补偿是非常困难的，但可以实现近似的全补偿，从而大幅度地减小输入误差，改善系统的跟随精度。

2. 按扰动补偿的复合校正　当系统的扰动量可以直接或间接获得时，可以采用按扰动补偿的复合校正，如图 5 − 31 所示。

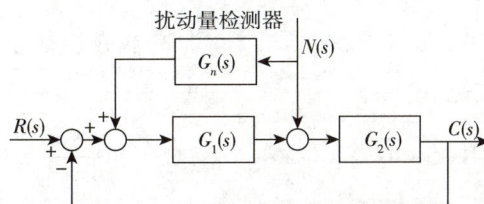

图 5 − 31　按扰动补偿的复合校正

不考虑输入控制，即 $R(s)=0$ 时，扰动作用下的误差为：

$$E(s)=R(s)-C(s)=-C(s)$$

$$=-\frac{G_2(s)}{1+G_1(s)G_2(s)}N(s)-\frac{G_n(s)G_1(s)G_2(s)}{1+G_1(s)G_2(s)}N(s)$$

$$=-\frac{G_2(s)+G_n(s)G_1(s)G_2(s)}{1+G_1(s)G_2(s)}N(s)$$

如果满足 $1+G_n(s)G_1(s)=0$，则系统因扰动产生的误差已全部被补偿（$E(s)=0$），同理，要实现全补偿是非常困难的，但可以实现近似的全补偿，从而大幅度地减小扰动误差，显著地改善系统的动态性能和稳态性能。按按扰动补偿的复合校正具有显著减小扰动稳态误差的优点，因此，在要求较高的场合得到广泛应用。

🔗 知识链接

我国自动控制系统校正领域的著名学者

我国学者在自动控制系统校正领域取得了许多重要的成就，为该领域的发展做出了重要贡献。以下是一些我国学者在自动控制系统校正方面的成就。

方崇智：清华大学自动化系教授，自动控制工程学家，我国过程控制学科的开拓者和奠基人之一。他长期致力于自动控制理论、过程控制系统与技术的科研和教学，创建了我国最早的过程控制专业，建立了过程控制教学和科研体系，取得了许多重要的科研成果，培养了大批高级专门人才，为我国自动控制学界和过程控制事业的发展做出了重要贡献。

张钟俊：电力系统和自动控制学家，我国自动控制、系统工程教育和研究的开拓者之一。他在将系统工程用于战略规划和将控制理论用于工程设计方面均取得丰富的成果，为我国在控制理论赶超国际先进水平、普及和推广系统工程、发展我国微型计算机的应用都做出了卓越贡献。

姜文汉：我国自适应光学技术的开拓者和奠基人。他自 1979 年起，开始研究自适应光学，通过对动态波前误差的实时探测、控制和校正，使光学系统具有自动校正外界扰动，保持理想性能的能力。自适应光学成为高分辨力光学观测和高集中度光能传输中的重要核心技术。

目标检测

答案解析

一、选择题

1. PI 控制规律指的是（　　）。

    A. 比例、微分   B. 比例、积分   C. 积分、微分   D. 比例、积分、微分

2. PD 控制器的传递函数形式是（　　）。

    A. $5+\dfrac{1}{3s}$ B. $5+4s$ C. $1+\dfrac{5s}{4s+1}$ D. $1+\dfrac{1}{3s}$

3. 采用串联超前校正时，通常可使校正后系统的截止频率 ω_c（　　）。

    A. 减少   B. 不变

    C. 增大   D. 可能增大，也可能减少

4. 某串联校正装置的传递函数为 $G_c(s) = \dfrac{s+1}{0.1s+1}$，则它是一种（　　）。

    A. 滞后校正　　　　　B. 超前校正　　　　　C. 超前 – 滞后校正　　　D. 比例校正

二、简答题

1. 控制系统的校正方式有哪些？

2. 校正设计的方法有哪些？

书网融合……

本章小结

第六章　MatLab 在自动控制系统中的应用

学习目标

1. 掌握　MatLab 的基础操作及运算，包括 MatLab 系统环境和常用函数、MatLab 矩阵及其运算、MatLab 图形绘制基础。

2. 熟悉　MatLab 的编程方法，包括 MatLab 程序设计中的三种结构、自定义函数 M 文件等；Simulink 动态仿真集成环境以及在线性连续控制系统中的应用。

3. 了解　MatLab 应用工具箱的使用；自动控制系统的应用仿真。

4. 学会基于 MatLab 的一、二阶系统动态响应的数字仿真；能够基于 MatLab 对线性系统进行时域及频域分析；具有对典型控制系统进行仿真的能力。

⇒ 案例分析

实例　MATLAB 用于吻合器的设计和开发中：通过使用基于模型的设计，工程师可以将设计阶段与实现步骤明确分离，缩短原型开发时间，并可几分钟内依据医生反馈，实施设计迭代改进。MATLAB 在吻合器设计和开发中涉及的一些步骤：使用 MATLAB 处理和分析与吻合器相关的各种医学数据、实验数据等。建立吻合器的机械结构模型、力学模型等。利用 MATLAB 的优化工具，基于设定的目标（如最佳吻合效果、最小创伤等）和约束条件，对吻合器的设计参数进行优化等。

问题　1. 吻合器的工作原理是什么？

　　　　2. MATLAB 在吻合器设计和开发中体现出的优点有哪些？

第一节　MatLab 的使用

一、MATLAB 简介

MATLAB 是美国 MathWorks 公司出品的商业数学软件，用于数据分析、无线通信、深度学习、图像处理与计算机视觉、信号处理、量化金融与风险管理、机器人控制系统等领域。

MATLAB 是 matrix&Laboratory 两个词的组合，意为矩阵工厂（矩阵实验室），软件主要面对科学计算、可视化以及交互式程序设计的高科技计算环境。它将数值分析、矩阵计算、科学数据可视化以及非线性动态系统的建模和仿真等诸多强大功能集成在一个易于使用的视窗环境中，为科学研究、工程设计以及必须进行数值计算的众多科学领域提供了一种全面的解决方案，并在很大程度上摆脱了传统非交互式程序设计语言（如 C、Fortran）的编辑模式。经过多年来版本的不断更新，新版本的 MATLAB 功能已经十分强大，其应用领域日益广泛，速度更快，数值性能更好；用户图形界面设计更趋合理；与 C 语言接口及转换的兼容性更强；新的虚拟现实工具箱更给仿真结果三维视景下显示带来了新的解决方案。

MATLAB 提供了丰富的矩阵处理功能，使用简单，很快受到控制界研究者的普遍重视，还陆续开发了与之配套的各种工具箱，如在控制领域里广为流行的工具箱：①控制系统工具箱（Control System Toolbox）；②系统辨识工具箱（System Identification Toolbox）；③多变量频域设计工具箱（Multivariable Frequency Design Toolbox）；④最优化工具箱（Optimization Toolbox）；⑤鲁棒控制工具箱（Robust Control Toolbox）；⑥信号处理工具箱（Signal Processing Toolbox）；⑦仿真环境（Simulink）。

　　总之，MATLAB 具有语言简单，学习与使用都很容易、简单、方便等优点，所以它是一个理想的工具。MATLAB 界面友好，使得从事自动控制的科技工作者乐于接触和使用，MALAB 强大方便的图形功能，可以使得重复、繁琐的计算与绘制图形的笨重劳动被简单、轻而易举的计算操作所代替。而且数据计算准确，图形绘制精准且精致，这是过去从事本专业的人所追求与期盼的事情。随着 MATLAB 软件的出现，它的 Toolbox 与 Simulink 仿真工具，为自动控制原理 MATAB 的实现提供了一个强有力的工具，使控制系统的计算与仿真的传统方法发生了革命性的变化。MATLAB 已经成为国际控制领域内最流行的计算与仿真软件。

二、MATLAB R2014a 的程序设计环境

　　启动 MATLAB R2014a 后，将打开如图 6 - 1 所示的起始操作桌面。

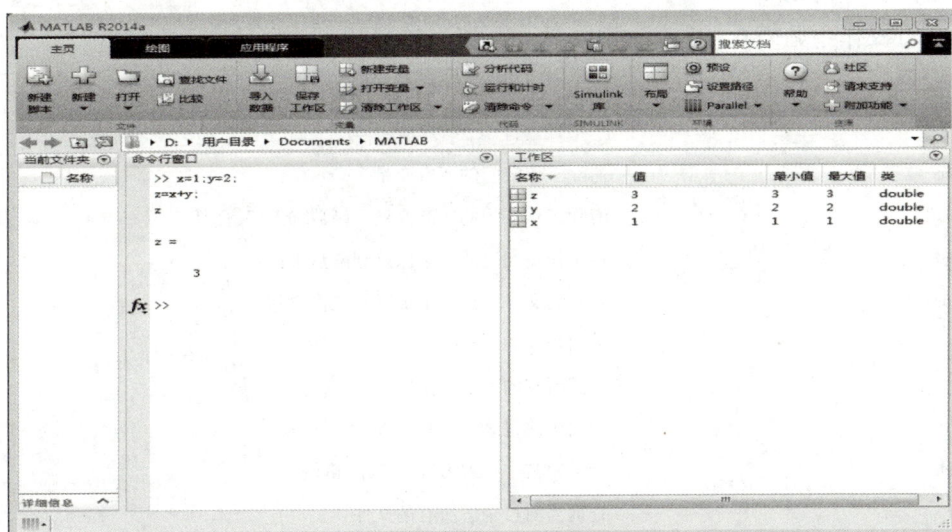

图 6 - 1　MATLAB 工作设计环境操作桌面窗口

　　MATLAB 工作设计环境操作桌面窗口有菜单/工具栏、工作区窗口、命令行窗口、M 文件程序编辑器、帮助浏览器等。

1. 菜单/工具栏

（1）新建　用于建立新的 .m 文件、图形、模型和图形用户界面。

（2）新建脚本　用于建立新的 .m 文件脚本。

（3）打开　用于打开 MATLAB 的 .m 文件，.fig 文件，.mat 文件，.mdl 文件，.cdr 文件等。

（4）导入数据　用于从其他文件导入数据，单击后弹出对话框，选择导入文件的路径和位置。

（5）保存工作区　用于把工作区数据存放到相应的路径文件中。

（6）设置路径　设置工作路径。

（7）预设　用于设置命令窗的属性。

2. 工作区窗口　工作区是指运行 MATLAB 的程序或命令所生成的所有变量和 MATLAB 提供的常量

构成的空间。MATLAB 每打开一次，就会自动建立一个工作空间，该工作空间在 MATLAB 运行期间一直存在，关闭 MATLAB 后自动消失。当运行 MATLAB 程序时，程序中的变量将被加入工作空间中，只有特定的命令才可删除某一变量，否则该变量在关闭 MATLAB 之前一直存在。由此可见，在一个程序中的运算结果以变量的形式保存在工作空间后，在 MATLAB 关闭之前该变量还可被别的程序调用。

在工作区，用户可以查看和改变工作区的内容，包括变量的名称、该变量的字节数和类型等。

3. 命令行窗口 MATLAB 的命令窗口是 MATLAB 的重要组成部分，是用户和 MATLAB 交互的工具。在 MATLAB 启动后，命令窗口就被打开了。按下【Shift + Enter】键入命令内容可实现换行，在一个命令内容全部键入后，必须按下【Enter】键才可运行。

标点符号要在英文状态下输入，其作用极其重要。举例如下。

"," 用作两个输入量之间、数组元素之间的分隔符号。

";" 用作不显示结果的指令结束标志或数组的行间分隔符号。

":" 用来生成一维数值数组。

"%" 表示它以后的部分作为注释。

"〔 〕" 在输入数组和矩阵时使用。

"｛ ｝" 用来输入单元数组。

常用的命令行操作令见表 6 – 1。

表 6 – 1 常用的命令行操作令

命令	功能
clear	清除工作空间的所有变量
clear all	清除工作空间的所有变量、函数和 MEX 文件
save	将工作空间里的变量保存到磁盘文件
load	将磁盘文件里的变量加载到工作空间
close	关闭当前的 Figure 窗口
close all	关闭所有的 Figure 窗口
what	列出当前目录下所有的 M 文件
which	显示出某个 MATLAB 函数的路径
dir	查询当前目录下所有的文件
type	在命令窗口显示文件
cd	删除文件

4. M 文件 所谓 M 文件，就是用户把要实现的命令写在一个以 . m 为扩展名的文件中。

M 文件可以根据调用方式的不同分为两类：脚本文件和函数文件，它们的扩展名均为 " . m"。

（1）脚本文件（也称作程序式 M 文件） 命令文件就是简单的 . m 文件，实际上是多条命令的综合体，与在命令窗口逐行执行文件中的所有指令，其结果是一样的，没有输入输出参数被调用，而且所有变量均使用 MATLAB 基本工作空间，没有函数声明行。

例 6 – 1 输入以下 MATLAB 语句，并以文件名 sin. m 存盘，然后在 MATLAB 命令行窗口调用该函数。

t = 0：0.01：2 * pi；

r = sin(2 * t)；

plot(t,r,'r')

运行程序，得到图 6 – 2 所示结果。

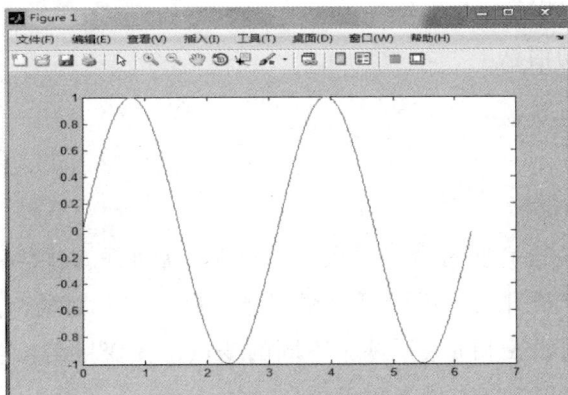

图 6-2 程序运行结果图

（2）函数 M 文件 用于把重复的程序段封装成函数供用户调用，函数文件常用于扩充 MATLAB 函数库，有其特有的调用格式，函数式 M 文件首行总是以关键字"function"开头，并在首行中列出全部输入、输出参数以及函数名。函数名应置于等号右侧并与对应的 M 文件名相同，输出参数紧跟在"function"之后，常用中括号括起来（若仅有一个输出参数则无须中括号）；输入参数紧跟在函数名之后，常用小括号括起来。如果函数有多个输入或输出参数，则多个参数之间用英文状态下的逗号加以分隔。

函数文件必须遵循的规则如下：①函数名必须与文件名相同；②函数文件有输入和输出参数；③函数文件可以有零个或多个输入变量，也可以有零个或者是多个输出变量，对函数进行调试时，不能多于 M 文件中规定的输入和输出变量个数，当函数有一个以上的输出变量时，输出变量将包含在括号内；④函数文件中的所有变量除了事先进行特别声明以外，都是局部变量，如果说明是全局变量，函数可以与其他函数、MATLAB 的工作空间共享变量，不过为了避免出错，最好少用或不用全局变量。

例 6-2 编写一个函数文件，求边长为 4 的正方体的体积。

function V= tiji(a)

V =a * *3

end

将上面函数以文件名 tiji. m 存盘，然后在 MATLAB 命令行窗口调用该函数。

在命令行窗口输入

a=4;

V=tiji（a）;

执行结果为

V=64

5. 帮助浏览器 MATLAB 给用户提供了强大的在线帮助功能，用户可以通过两种方式来获取帮助信息。

（1）在 MATLAB 命令窗口中直接输入帮助命令（Help）来获取需要的信息。Help 的调用格式如下。

help：列出 MATLAB 的所有帮助主题。

helpwin：打开 MATLAB 的帮助主题窗口。

helpdesk：打开 MATLAB 的帮助工作台。

help help：打开有关如何使用帮助信息的帮助窗口。

help 函数名：查询函数的相关信息。

（2）由帮助菜单获取帮助信息。

三、MATLAB 的运算

1. MATLAB 的基本语句结构

（1）变量命名　MATLAB 语言变量命名是以字母开头，后面可以跟字母、数字、下划线等。基本规则如下：①变量名必须以字母开头，后面可以跟字母、数字、下划线，但是不能使用空格和标点符号；②变量名区分大小写，例如 A 和 a 表示两个不同的变量；③变量名长度不超过 63 个字符，超过部分将被忽略；④避免与系统的预定义变量名和函数名同名。

MATLAB 中还设置了一些特殊变量（表 6-2）。

表 6-2　特殊变量

变量	含义
ans	计算结果默认的变量名
eps	浮点数相对精度变量
pi	圆周率
Inf	正无穷大变量，由 n/0 或者溢出产生
NaN	不确定量，由 0/0 或者 ∞-∞ 产生
i 或 j	虚数单位变量
realmax	最大可用正实数，realmax=1.7977e+308
realmin	最小可用正实数，realmin=2.2251e-308

（2）赋值语句　MATAB 语言的赋值语句有以下两种：

变量名 = 运算表达式

［返回变量列表］= 函数名（输入变量列表）

例如

　　T=0：pi/50：2*pi；

　　［m,p］= bode（a,b,c,d,w）

说明：①等号右边的表达式可以由分号结束，也可以由逗号或换行号结束，但它们的含义是不同的。如果用分号结束，则左边的变量结果将不在屏幕上显示出来；由逗号或换行号结束，则将把左边的返回值内容全部显示出来。②在调用函数时，MATLAB 允许一次返回多个结果，当函数的输出参数不止一个时，用中括号 "［ ］" 把输出参数括起来，参数之间用逗号分开；输入变量用小括号 "（ ）" 括起来，当个数不止一个时，用逗号分开。

在 MATLAB 中，冒号 "：" 是很有用的算子，经常用它来生成向量。语句 a=i：k：j；它生成一个从 i 到 j 步长为 k 的行向量 a。如果增量为负值，可以得一个递减顺序的向量，增量为 1 时可以忽略。

（3）数据的输入输出格式　MATLAB 用通常的十进制数表示常数、小数和负数。与通常的数学表示一样，还可以使用以 10 为幂的常数以及虚数，MATLAB 接受各种合法的数据输入。下面是一些合法的数据：

4	-100	0.00001
8.365402	1.5258E-15	2.6594e22
21	-3.2684i	3e5i

在默认状态下，MATLAB 将所有的数据都是以双精度类型来计算和存储的。用户可以用 "format" 命令来改变命令窗口中的显示格式，但并不影响数据存储和计算的精度。

2. 基本运算 除了加（＋）、减（－）、乘（＊）、除（／）、幂（＾）等运算操作，MATLAB 还提供几乎所有的运算函数（表6-3至表6-5）。

表 6-3 初等运算函数

方根函数 sqrt( )	自然指数函数 exp( )
自然对数函数(以 e 为底)log( )	以 10 为底的对数函数 log10( )
最大公因子 gcd( )	最小公倍数 lcm( )
符号函数 sign( )	复数的模 abs( )
复数的幅角 angle( )	复数共轭运算 conj( )

表 6-4 三角函数

正弦函数 sin( )	余弦函数 cos( )
正切函数 tan( )	反正弦函数 asin( )
反余弦函数 acos( )	反正切函数 atan( )
双曲正弦函数 sinh( )	反双曲正弦函数 asinh( )

表 6-5 数据统计分析函数

最大值 max( )	最小值 min( )
计算平均值 mean( )	计算中间值 median( )
求和 sum( )	计算元素之积 prod( )

例 6-3 某二阶欠阻尼系统的单位阶跃响应为

$$c(t) = 1 - 1.155e^{0.5t}\sin(0.866t + 60°) \quad t \geq 0$$

试绘制响应曲线。

t=0:0.1:15;

c=1-1.15 * exp(-0.5 * t). * sin(0.866 * t + pi/3);

plot(t,c);grid;　　　% 绘制曲线

mp=max(c)　　　　% 由 max 函数可求出响应的最大值(峰值)

运行程序，得到结果：

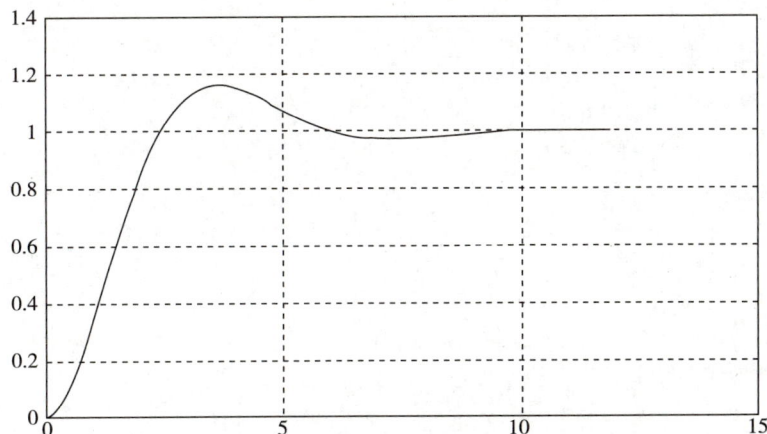

图 6-3 单位阶跃响应输出结果

说明：数组间的乘法运算时按元素与元素的方式进行的，运算符号为点乘号"."。

3. 矩阵运算 MATLAB 中所有的计算都是以矩阵为基本单元进行的，MATLAB 对矩阵的运算功能是最齐全，也最强大。

（1）矩阵输入 矩阵输入时一行中各元素间用逗号","或空格，行间用分号";"或直接回车，整个矩阵以括号"["和"]"表示开始和结束。

例 6 - 4 输入以下 MATLAB 语句

a = [2 2 5;4 5 7 ;7 8 10]

b = [1,1 + 2i;2 + 3i,exp(-1)]

运行程序，得到结果：

a =

2	2	5
4	5	7
7	8	10

b =

1.0000	1.0000 + 2.0000i
2.0000 + 3.0000i	0.3679

MATLAB 提供一些常用的初等矩阵（表 6 - 6）。

表 6 - 6 常用的初等矩阵

函数	功能
zeros（m,n）	m × n 全零矩阵
ones(m,n)	m × n 全 1 矩阵
eye(n)	n × n 单位矩阵
rand(m,n)	m × n 随机矩阵，0 ~ 1 之间均匀分布

注意：矩阵的四则运算必须复合矩阵的维数要求，否则会给出矩阵维数错误提示。

例 6 - 5 矩阵加法与乘法。输入以下 MATLAB 语句

a = [1 2 1; 2 2 1; 3 1 2];

b = [3 3 1; 3 2 1; 1 4 3];

c = a + b

d = a * b

e = a. * b

f = a. ^b

运行程序，得到结果：

c =

4	5	2
5	4	2
4	5	5

d =

10	11	6
13	14	7

$$
\begin{array}{ccc}
14 & 19 & 10
\end{array}
$$

e =

$$
\begin{array}{ccc}
3 & 6 & 1 \\
6 & 4 & 1 \\
3 & 4 & 6
\end{array}
$$

f =

$$
\begin{array}{ccc}
1 & 8 & 1 \\
8 & 4 & 1 \\
3 & 1 & 8
\end{array}
$$

4. 关系运算和逻辑运算　MATLAB 矩阵的关系运算符见表 6 – 7。

表 6 – 7　MATLAB 的关系运算符

操作符	说明	相对应的函数	操作符	说明	相对应的函数
<	小于	lt(a,b)	<=	小于等于	le(a,b)
>	大于	gt(a,b)	>=	大于等于	ge(a,b)
= =	等于	eq(a,b)	~ =	不等于	ne(a,b)

说明：a 和 b 可以都是矩阵或数组，它们的大小完全相同。对于关系和逻辑表达式的输出来说，1 表示"真"，而 0 则表示"假"。关系操作是对矩阵或数组各自相对应的元素进行比较，返回的结果与两相比较的矩阵或数组的大小相同的 0、1 阵。

例 6 – 6　比较矩阵的大小。输入以下 MATLAB 语句

a=［1 6 12；3 32 7］；

b=［2 3 4；6 7 8］；

c=gt(a,b)

运行程序，得到结果：

c =

$$
\begin{array}{ccc}
0 & 1 & 1 \\
0 & 1 & 0
\end{array}
$$

说明：对于复数运算，"= ="与"~ ="运算，既比较实部，又比较虚部。而其他运算仅比较实部。关系运算同样也可用于常量与矩阵的比较，在这种情况下，该常量与矩阵的每一个元素进行比较，其结果是一个与矩阵同维数的 0、1 矩阵。

5. 多项式运算　MATLAB 多项式运算见表 6 – 8。

表 6 – 8　MATLAB 的多项式运算

多项式求根 roots（ ）	多项式生成 poly（ ）
卷积与多项式乘 conv（ ）	反卷积与多项式除 deconv（ ）
计算留数 residue（ ）	多项式微分 polyder（ ）
多项式求值函数 polyval（ ）	

例 6 – 7　输入以下 MATLAB 语句

p =［1 0 –2 –4］；　　％输入多项式

r =roots(p)　　　　　％求多项式 P(x)=x3　–2x – 4 的根

运行程序，得到结果：

r =

　2. 0000

　−1. 0000 + 1. 0000i

　−1. 0000 − 1. 0000i

四、MATLAB 的绘图

强大的图形功能是 MATLAB 受到人们广泛欢迎的一个重要原因。MATLAB 软件提供了丰富的用于绘制图形、标注图形以及输出图形的基本命令。

1. 二维图形曲线绘图函数　格式如下。

plot(x)

plot(x1 ,y1 ,x2 ,y2…)　　　　绘制确定的多条曲线。

plot(x1 ,y1 ,'plotstyle'…)　　　字符串"plotstyle"定义的颜色、线型的多条曲线。

其中"plotstyle"选项的部分表示见表 6 − 9。

表 6 − 9　绘图命令选项

选项	颜色	选项	线型
y	黄色	–	实线（默认值）
r	大红	.	点
g	绿色	o	圆
b	蓝色	x	叉
w	白色	+	十字
k	黑色	*	星
m	粉红	:	虚线
c	亮蓝	−.	点划线

2. 绘图辅助函数

（1）title('字符串')　用于给图形添加标题，将字符串添加在图形上方的中部。

（2）xlabel('字符串')　用于对图形的 x 轴进行说明，将字符串添加在图形 x 轴下方。

（3）ylabel('字符串')　用于对图形的 y 轴进行说明，将字符串添加在图形 y 轴左方。

（4）text(x,y,'字符串')　用于在图形指定位置（x，y）添加字符串对图形进行说明。

（5）gtext('字符串')　与 text 功能类似，只是在执行命令后会在图形中出现一个十字线，可用鼠标来指定添加字符串的位置。

（6）grid　用于给图形添加栅格，有 3 种格式。

grid on；用于给图形添加栅格。

grid off；用于去除栅格。

grid；用于在添加栅格和去除栅格两种状态中切换。

（7）axis（）　用于对绘图坐标系进行控制和修饰。常用格式如下。

axis（'equal'）用于得到一个方正的坐标系。

axis（'square'）用于得到相同比例的坐标系。

axis（［x1,x2,y1,y2］）用于指定 x 坐标轴和 y 坐标轴的范围。

（8）figure　创造新的图形窗口。

（9）hold　用于进行图形保持。想在已经存在的图形上添加曲线时，需用 hold 函数。调用格式与 grid 类似。

（10）subplot（mnp）　用于在指定位置建立坐标，可实现在一个图形窗口内绘制多个坐标系。subplot（mnp）表示将屏幕分割成 m×n 个区域（m 和 n 均小于4），p 代表当前绘图区域的序号，序号以从左到右，从上到下的顺序编号。

例 6 - 8　单窗口多曲线子图绘制。输入以下 MATLAB 语句

x=pi＊（0:0.05:2）；

y1=sin（x）；y2=cos（x）；

y3=y1＋y2；y4=y1－y2；

subplot（221）；plot（x,y1,‘o’）；xlabel（‘（a）’）；grid；

subplot（222）；plot（x,y2,‘＊’）；xlabel（‘（b）’）；grid；

subplot（223）；plot（x,y3,‘－.’）；xlabel（‘（c）’）；grid；

subplot（224）；plot（x,y4）；xlabel（‘（d）’）；grid；

运行程序，得到结果：

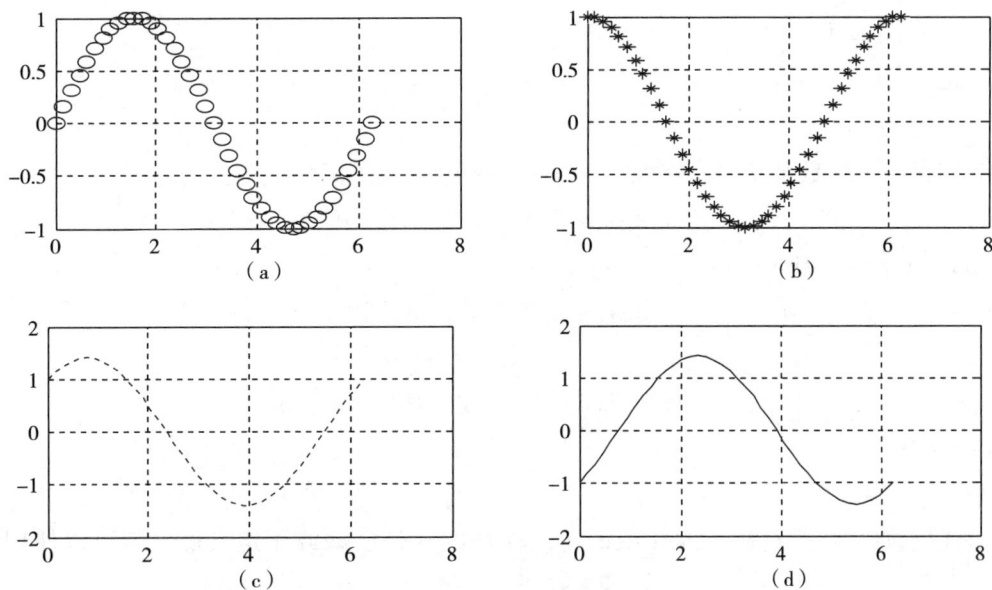

图 6 - 4　多曲线子图

五、程序控制结构

按照程序设计的思想，MATLAB 提供了四种程序控制结构：顺序结构、选择结构、循环结构和试探结构。除了试探结构为 MATLAB 特有的，其他结构及用法与其他高级语言是一致的。

1. 顺序结构　是最简单的一种程序结构，按照程序中的语句顺序依次执行，直到程序的最后一条语句，一般涉及数据输入，数据计算或处理，数据输出等内容。

2. 选择结构　就是程序将根据条件来执行特定的分支，某些分支中的语句将不被执行。MATLAB 用于实现选择结构的语句有 if 语句和 switch 语句。

3. 循环结构   是指按照给定的条件，重复执行指定的语句。MATLAB 用于实现循环结构的语句有 for 语句和 while 语句。

4. 试探结构   try 语句是一种试探性执行语句，其调用格式为：

try

    语句组 1

catch

    语句组 2

End

以下对两种常用的 if 语句和 for 语句举例说明。

（1）if 语句   是 MATLAB 提供的最基本的条件转移语句，它用于根据一定的逻辑条件执行相应的一组语句。

格式：

if   expression 1

        statements 1

elseif   expression 2

        statements 2

elseif   expression 3

        statements 3

else   statements 4

end

例 6 - 9   根据一个整数的符号和奇偶性，分成三种情况作不同的处理。

if   n < 0   % 如果 n 是负数，显示错误信息

disp（'Input must be positive'）；

  elseif   rem（n,2）= = 0   % 如果 n 是正偶数，则除以 2

  A = n/2

    else   % 如果 n 为正奇数，则加 1 再除以 2

  A = （n + 1）/2

end

（2）for 语句   如果要反复执行的一组语句的循环次数是已知或预定义的，就可以使用 for 循环语句。其基本格式为：

for i = is：id：ie；

    statements

    end

其中，is 是循环变量的初值；id 是循环变量的增量；ie 是循环变量的终值。

例 6 - 10   输入以下 MATLAB 语句

a = zeros（1,10）；

n = 10；

for   i = 1：n

a（i）= i

end

运行程序，得到结果：

a=1　2　3　4　5　6　7　8　9　10

第二节　MatLab 在控制系统数学模型中的应用

控制系统的数学模型，是指描述系统内部各物理量之间相互关系的数学表达式及其派生的系统动态结构图。由于控制系统各物理量之间存在着控制与被控制的关系，描述它们的数学表达式应能体现出这种控制关系，并且方便求解。数学模型有多种形式，比如，描述连续系统的微分方程及由微分方程派生出来的状态方程；描述离散系统的差分方程及由差分方程派生出来的状态方程；描述连续系统的拉氏变换象函数表达式，描述离散系统的 Z 变换象函数表达式，以及由象函数表达式派生出来的系统动态结构图等。

尽管形式不同，但实质都一样。不过，由动态结构图观察系统内部各物理量之间的函数关系更直观细致。一般说来，系统中最为关心的物理量是输出量，由数学表达式描述的数学模型，通常是指输入量作用下的输出量数学方程。类似于自变量与函数的关系式，在写输入量作用下的输出量表达式时，将输入量写在方程的右侧，输出量写在左侧，以方便求解输出量。

建立控制系统的数学模型（简称系统建模）是系统分析和设计的基础工作。没有数学模型就无法定量了解输出量的变化情况，更无法提出改进的措施（一些先进的智能控制方法可以不依赖于数学模型）。控制系统的数学建模在控制系统的研究中有着重要的地位，要对系统进行仿真处理，首先应当知道系统的数学模型，然后才可以对系统进行模拟。同样，如果知道了系统的模型，才可以在此基础上设计一个合适的控制器，使得系统响应达到预期的效果，从而符合工程实际的需要。

一、传递函数建立及其 MATLAB 描述

将系统输出量对于输入量的微分方程在零初始条件下取拉普拉斯变换（简称拉氏变换），变换后的输出量象函数与输入量象函数之比定义为控制系统的传递函数。这里的零初始条件是指输入量和输出量的初始值及其次高阶以下（含次高阶）各阶导数的初始值均为 0。

1. 多项式传递函数模型

（1）常规系统传递函数　一般地，设系统的传递函数为：

$$T(s) = \frac{C(s)}{R(s)} = \frac{b_0 s^m + b_1 s^{m-1} + \cdots + b_{m-1} s + b_m}{a_0 s^n + a_1 s^{n-1} + \cdots + a_{n-1} s + a_n} = \frac{N(s)}{D(s)} \tag{6-1}$$

式中，
$$N(s) = b_0 s^m + b_1 s^{m-1} + \cdots + b_{m-1} s + b_m \tag{6-2}$$
为传递函数的分子多项式。

$$D(s) = a_0 s^n + a_1 s^{n-1} + \cdots + a_{n-1} s + a_n \tag{6-3}$$
为传递函数的分母多项式。

从式（6-1）可以看出，传递函数可以表示成两个多项式的比值，在 MATLAB 语言中，多项式可以用向量表示。将多项式的系统按 s 的降幂次序表示就可以得到一个数值向量，分别表示分子和分母多项式，再利用控制系统工具箱的 tf( ) 函数就可以用一个变量表示传递函数 G(s)：

num = [b_0, b_1, \cdots, b_m];

den = [a_0, a_1, \cdots, a_n];

G(s)=tf(num,den)

例 6-11 考虑传递函数模型 $G(s)=\dfrac{8s^2+4s+1}{12s^3+9s^2+6s+3}$，用下面的语句就可以将该数学模型输入 MAT-LAB 的工作空间。

程序编写如下：

num =[8 4 1]；% 分子多项式

den =[12 9 6 3]；% 分母多项式

G =tf（num，den）% 获得系统的数学模型，并得出如下显示

程序运行后的结果为：

G =

    8 s^2+4 s+1

    —————————————

12 s^3+9 s^2+6 s+3

Continuous - time transfer function.

如果有了传递函数，还可以由 tfdata( ) 函数来提取系统的分子和分母多项式，即

[num，den] =tfdata （G，'v'）% ，其中 'v' 表示想获得数值。

（2）零极点传递函数模型 是传递函数的另一种表达形式。格式如下：

$$G(s)=k\frac{(s-z_1)(s-z_2)\cdots(s-z_m)}{(s-p_1)(s-p_2)\cdots(s-p_n)} \tag{6-4}$$

在 MATLAB 中，用如下语句表示

G(s)=zpk(z, p, k)

G(s)=zpk(z, p, k, 'InputDelay',tao) % tao 为系统延迟时间

其中，$z=[z_1,z_2,\cdots,z_m]$，$p=[p_1,p_2,\cdots,p_n]$，$k=[k]$。

例 6-12 建立零极点传递函数 $G(s)=\dfrac{2(s+4)(s+5)}{(s+1)(s+2)(s+3)}$，试编写程序。

程序编写如下：

        z=[-4, -5]；

        p=[-1, -2, -3]；

        k=2；

        G=zpk(z,p,k)

程序运行后的结果为：

G =

    2(s +4)(s +5)

    ———————————————

  (s +1)(s +2)(s +3)

Continuous - time zero/pole/gain model.

MATLAB 能够为系统提供以上几种模型，在不同情况下对系统分析和设计可能会用到某种数学模型，模型之间也可以进行转换。

二、系统模型间的连接

实际系统中，整个自动控制系统是由多个单一的模型组合而成的。模型之间基本的连接方式有串联、并联和反馈。假设系统中的传递函数表达形式如下：

$$G(s)=\frac{\mathrm{num}(s)}{\mathrm{den}(s)},\; G_1(s)=\frac{\mathrm{num1}(s)}{\mathrm{den1}(s)},\; G_2(s)=\frac{\mathrm{num2}(s)}{\mathrm{den2}(s)} \tag{6-5}$$

1. 串联结构　单输入单输出系统的串联结构如图 6-5 所示。

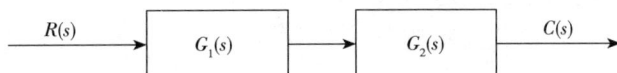

图 6-5　串联连接结构示意图

其中，$G_1(\mathrm{s})$ 和 $G_2(\mathrm{s})$ 串联连接，计算两个环节传递函数为：

$$G(s)=G_1(s)G_2(s) \tag{6-6}$$

在 MATLAB 中可用串联函数 series 来求，其调用格式为：

G=G1 ∗ G2

[nums,dens]=series(num1,den1,num2,den2)　%两个子系统串联连接，也可直接写成[num,den]=series(G1,G2)。

2. 并联结构　单输入单输出系统的串联结构如图 6-6 所示。

其中，$G_1(\mathrm{s})$ 和 $G_2(\mathrm{s})$ 并联连接，在 MATLAB 中可用并联函数 parallel 来求，其调用格式为

[nump,denp]=parallel(num1,den1,num2,den2)　%两个子系统并联连接。

3. 反馈结构　单输入单输出系统的串联结构如图 6-7 所示。

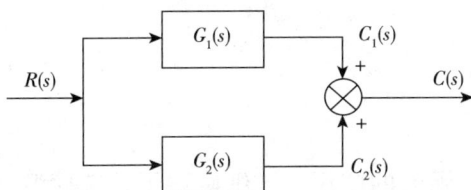

图 6-6　并联连接结构示意图

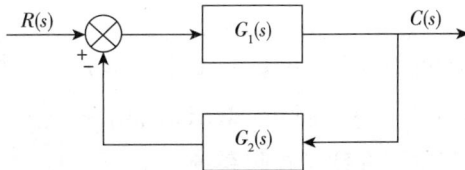

图 6-7　反馈连接结构示意图

其中，$G_1(\mathrm{s})$ 为前向通道传递函数，$G_2(\mathrm{s})$ 为反馈通道传递函数。

当正反馈连接时，计算系统传递函数为：

$$G(s)=\frac{G_1(s)}{1-G_1(s)G_2(s)} \tag{6-7}$$

当负反馈连接时，计算系统传递函数为：

$$G(s)=\frac{G_1(s)}{1+G_1(s)G_2(s)} \tag{6-8}$$

在 MATLAB 中可用反馈函数 feedback 来求，其调用格式为：

[numf,demf]=feedback(num1,den1,num2,den2,sign)　%两个子系统反馈连接。参数 sign=-1 表示负反馈，可省略；sign=1 表示正反馈。

当反馈通道传递函数 $G_2(\mathrm{s})=1$ 时，系统为单位反馈系统，在 MATLAB 中可用反馈函数 feedback 来求，其调用格式为[numc,demc]=feedback(num1,den1,sign)。

例 6 – 13 已知两个系统传递函数 $G_1(s)=\dfrac{5}{(s+2)(s+8)}$，$G_2(s)=\dfrac{3s^2+9}{s^3+6s^2+2s+4}$，试分别计算系统串联、并联和负反馈连接的传递函数。

程序编写如下：

[nump,demp]=parallel(num1,dem1,num2,dem2);

[numf,demf]=feedback(num1,dem1,num2,dem2);

tfs=tf(nums,dems)　　% 串联连接传递函数

tfp=tf(nump,demp)　　% 并联连接传递函数

tff=tf(numf,demf)　　% 反馈连接传递函数

程序运行后的结果为：

tfs =

$$\frac{15\ s^2 +45}{s^5 + 16\ s^4 +78\ s^3 +120\ s^2 +72\ s +64}$$

Continuous – time transfer function.

tfp=

$$\frac{3\ s^4 +35\ s^3 +87\ s^2 +100\ s +164}{s^5 + 16\ s^4 +78\ s^3 +120\ s^2 +72\ s +64}$$

Continuous – time transfer function.

tff =

$$\frac{5\ s^3 +30\ s^2 +10\ s +20}{s^5 + 16\ s^4 +78\ s^3 +135\ s^2 +72\ s +109}$$

Continuous – time transfer function.

本节主要介绍了控制系统数学模型的建立以及 MATLAB 函数的应用，详细阐述了系统模型之间的相互转换，并应用实例进行分析研究，利用 MATLAB 函数去求解不同结构控制系统的闭环传递函数，为分析和设计控制系统打下坚实的基础。

第三节　MatLab 在时域分析中的应用

数学模型的建立为分析系统性能及提出改进性能的措施做了必要的基础工作。分析控制系统的响应性能问题称为系统分析，时域分析法是对响应的时间函数进行分析，具有直观简捷、结果精确的特点。然而，时域分析需要求解微分方程，分析高阶系统有时是困难的，尤其是寄期望于靠改变数学模型来获得好的响应性能时，需要反复求解微分方程，使得时域分析在计算技术不甚发达的过去几乎是无法采用的。随着计算机软硬件技术的发展，MATLAB 软件下的 Simulink 时域仿真技术，或者应用 MATLAB 语言中求解时域响应的函数命令，使得时域分析不仅容易而且快捷准确。

一、时域分析函数

要获得控制系统的响应特性不仅需要建立微分方程，还要有输入函数和初始条件。系统工作时，输入函数是不确定的。比如，一个恒速电力拖动控制系统要求输入函数是个恒值电压，系统起动时，电压从 0V 上升到给定值的过程可能是突变的，也可能是缓慢波动的，响应特性自然不同。问题是，如果系统的结构和参数好（它们决定输出量对于输入量微分方程的阶次和系数），那么在不同输入函数作用下的输出响应变化得都很快且平稳；如果系统的结构和参数不好，那么随输入变化的输出响应都会有大幅度的振荡或反应迟钝。

这说明系统的品质是由系统的结构和参数决定的，与输入函数无关。系统分析关心的是系统内在的品质，涉及输入量时总是用典型函数来描述。典型函数要求能够描述输入量的性质并且方便计算。至于初始条件，同样影响不到系统的固有性能，分析系统品质时将它们都取为 0。动态系统的性能常用典型输入作用下的响应来描述，常用的输入函数有单位阶跃函数和脉冲函数。

在 MATLAB 中，提供了典型的时域分析函数，如：单位阶跃响应函数 step（），单位脉冲响应函数 impulse（），零输入响应函数 initial（）和任意输入函数 lsim（）。接下来分别介绍各函数的功能。

1. 单位阶跃响应函数 step（）　该函数的调用格式如下：

（1）step（sys,t）　% sys 为控制系统函数，t 为选定的仿真时间向量。

（2）[y,t]=step（sys）　% step 返回输出响应 y。

（3）[y,t]=step（sys,Tfinal）　% Tfinal 为截止时间。

（4）[y,t,x]=step（sys）　% y 为响应的输出，t 为仿真的时间，x 为系统的状态变量。

（5）step（sys1,sys2,…,sysn）　% 在同一个图中显示多个图像。

2. 单位脉冲响应函数 impulse（）　该函数的调用格式如下：

（1）impulse（sys,t）　% sys 为控制系统函数，t 为选定的仿真时间向量。

（2）[y,t]=impulse（sys）　% step 返回输出响应 y。

（3）[y,t]=impulse（sys,Tfinal）　% Tfinal 为截止时间。

（4）[y,t,x]=impulse（sys）　% y 为响应的输出，t 为仿真的时间，x 为系统的状态变量。

（5）impulse（sys1,sys2,…,sysn）　% 在同一个图中显示多个图像。

3. 零输入响应函数 initial（）　该函数的调用格式如下：

（1）initial（sys,x0）　% sys 为控制系统函数，x0 为初始状态。

（2）initial（sys,x0,t）　% t 为指定的响应时间。

（3）initial（sys,x0,Tfinal）　% Tfinal 为截止时间。

（4）[y,t,x]=initial（sys,x0）　% y 为响应的输出，t 为仿真的时间，x 为系统的状态变量。

（5）[y,t,x]=initial（sys,x0,t）。

（6）[y,t,x]=initial（sys,x0,t, Tfinal）。

（7）initial（sys1,sys2,…,sysn,x0）　% 在同一个图中显示多个图像。

4. 任意输入函数 lsim（）　该函数的调用格式如下：

（1）lsim（sys,u,t）　% sys 为控制系统函数，u 为输入信号，t 为指定的响应时间。

（2）lsim（sys,u,t,x0）　% x0 为初始状态。

（3）[y,t,x]=lsim（sys,u,t）　% y 为响应的输出，t 为仿真的时间，x 为系统的状态变量。

（4）[y,t,x]=lsim（sys,u,t,x0）。

（5）lsim（sys1,sys2,…,sysn,u,t）　% 在同一个图中显示多个图像。

例6-14　已知系统闭环传递函数为 $G(s)=\dfrac{30}{s^2+2s+30}$，试绘制系统在单位脉冲、单位阶跃和单位斜坡函数作用下的响应曲线。

程序编写如下：

```
num =[30];
den =[1 2 30];
t=[0:0.1:10];
u =t;
y1=impulse(num,den,t);
y2=step(num,den,t);
y3=lsim(num,den,u,t);
plot(t,y1,'b-',t,y2,'k--',t,y3,'r-.')
xlabel('时间/秒')
ylabel('y')
legend('单位脉冲响应曲线','单位阶跃响应曲线','单位斜坡响应曲线')
```

程序运行后的结果如图6-8所示。

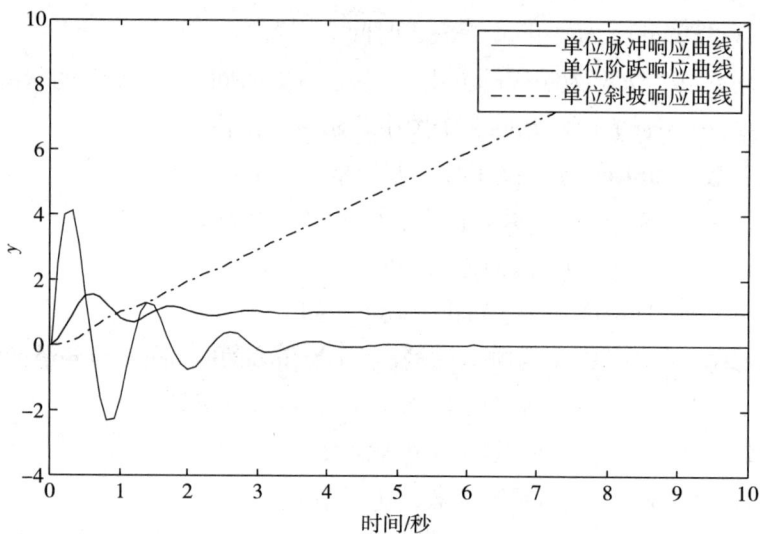

图6-8　响应曲线

例6-15　已知单位负反馈系统，其开环传递函数为 $G(s)=\dfrac{2s+1}{s^2+3s+5}$，系统输入信号 $r(t)=\sin t$，试绘制系统的输出响应曲线。

该例题利用 MATLAB 编写程序和 Simulink 搭建框图两种方法。

第一种方法：

编写程序如下：

```
numk=[2 1];
denk=[1 3 5];
[num,den]=cloop(numk,denk);
```

```
t=0：0.1：10；
u=sin(t)；
[y,x]=lsim(num,den,u,t)；
plot(t,y,'b－',t,u,'r-.')
xlabel('时间/秒')
ylabel('y')
title('正弦输入和输入下的响应曲线')
```

程序运行后的结果如图 6－9 所示。

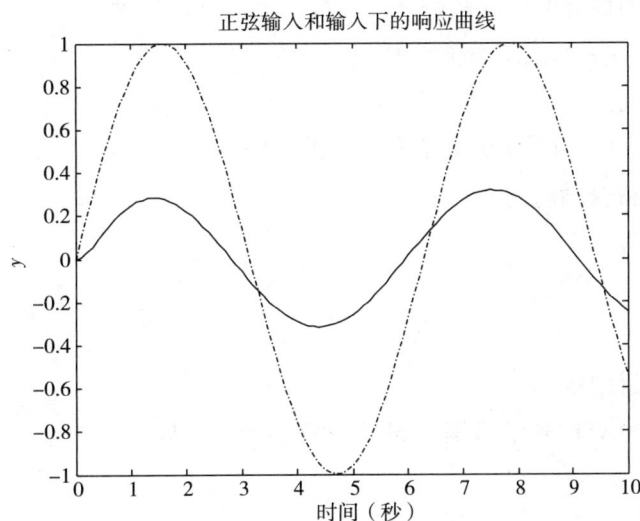

图 6－9　响应曲线

第二种方法：利用 Simulink 对系统进行建模和仿真，模型如图 6－10 所示。

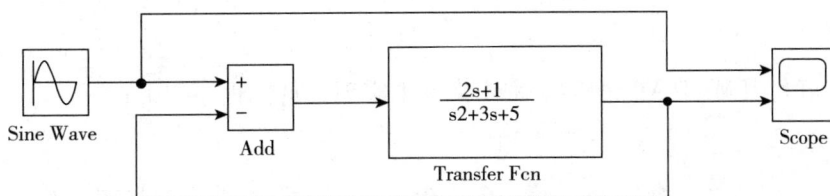

图 6－10　Simulink 仿真模型

将各模块参数设置好，模型连接好后进行仿真，仿真结束后输出的图形与图 6－10 完全一样。

二、性能指标

　　稳定控制系统在零初始条件下输入单位阶跃函数时，由于系统惯性的原因，输出响应跟随输入的变化需要一个过渡过程。一种情形是跟随得比较快，以至于超过稳态值后必须经几次振荡衰减趋于稳态值；另一种情形是跟随得比较慢，整个过渡过程是单调的。时域响应分析的是系统对输入在时域内的瞬态行为，系统特征均能从时域响应上反映出来。

　　典型的暂态响应性能指标有上升时间 t_r、峰值时间 t_p、最大超调量 M_p 和调整时间 t_s。性能指标是这样来定义的。

　　上升时间 t_r：暂态过程中，系统单位阶跃响应第一次到达稳态值的时间称为上升时间。

峰值时间 t_p：单位阶跃响应曲线到达第一个峰值的时间称为峰值时间。

最大超调量 M_p：$M_p = \dfrac{y_{\max} - y(\infty)}{y(\infty)} \times 100\%$。

系统阶跃响应最大值 $y_{\max}$ 和稳态值 $y(\infty)$ 的差值与稳态值的比值定义为最大超调量。最大超调量的数值直接说明了系统的相对稳定性。

调整时间 t_s：系统输出衰减到一定误差带内，并且不再超出误差带的时间称为调整时间。误差带一般取 $\pm 2\%$ 或 $\pm 5\%$。

利用 MATLAB 可以很方便地绘制控制系统的响应曲线，并在曲线上求取响应性能指标。

1. 稳态值　控制系统的稳态值可以使用下面函数获得，其格式为：

yw = dcgain(sys)　　　% sys 为控制系统函数，yw 为系统的稳态值

2. 峰值时间　调用格式为：

[Y,k] = max(y)　　% Y 和 k 为系统的峰值及相应的时间

tp = t(k)　　　　　% 获得峰值时间

3. 超调量　调用格式为：

yw = dcgain(sys)

[Y,k] = max(y)

overshoot =　　　% 计算超调量

4. 上升时间　可利用 MATLAB 语言编写 M 文件来实现，具体程序如下：

yw = dcgain(sys)

n = 1;

while y(n) < yw　　　% 求取输出第一次到达终值时的时间

n = n + 1;

end

tr = t(n)

5. 调节时间　可利用 MATLAB 语言编写 M 文件来实现，具体程序如下：

yw = dcgain(sys)

i = length(t)

while(y(i) > 0.95 * yw) & (y(i) < 1.05 * yw)　　% 求取 $\pm 5\%$ 误差带的调节时间

i = i - 1

end

ts = t(i)

上面程序中将语句 while(y(i) > 0.95 * yw) & (y(i) < 1.05 * yw) 改成 while(y(i) > 0.98 * yw) & (y(i) < 1.02 * yw)，将可以求取 $\pm 2\%$ 误差带的调节时间。

例 6-16　已知系统闭环传递函数为 $G(s) = \dfrac{100}{s^2 + 10s + 100}$，绘制其单位阶跃响应曲线，并求出系统的稳态值、峰值时间、超调量、上升时间和调节时间（$\pm 5\%$ 误差带）。

编写程序如下：

num = [100];

den = [1 10 100];

```
sys=tf(num,den);
yw=dcgain(sys);      % 计算稳态值
disp(['稳态值：yw=',num2str(yw)])
[y,t]=step(sys);
plot(t,y)
[Y,k]=max(y);
tp=t(k);                       % 计算峰值时间
disp(['峰值时间：tp=', num2str(tp)])
overshoot=((Y-yw)/yw);% 计算超调量
disp(['超调量:overshoot=',num2str(overshoot)])
% 计算上升时间
n=1;
while y(n)<yw      % 求取输出第一次到达终值时的时间
n=n+1;
end
tr=t(n);
disp(['上升时间：tr=',num2str(tr)])
% 计算调节时间
i=length(t);
while(y(i)>0.95*yw)&(y(i)<1.05*yw)    % 求取±5%误差带的调节时间
i=i-1;
end
ts=t(i);
disp(['调节时间：ts=',num2str(ts)])
```

程序运行后结果如图 6－11 所示

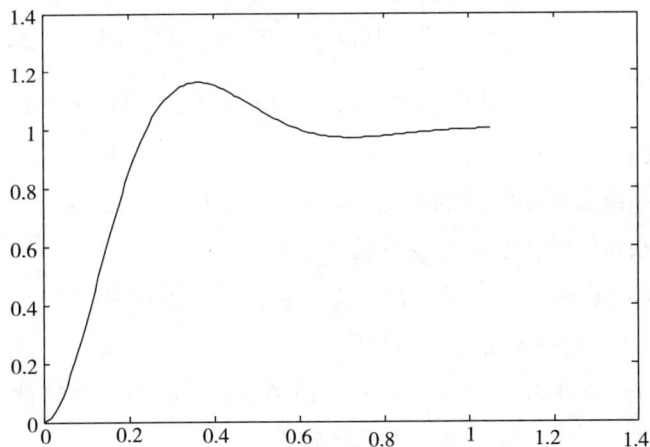

图 6－11　响应曲线

稳态值：yw=1
峰值时间：tp=0.3592

超调量：overshoot=0.16293

上升时间：tr=0.24868

调节时间：ts=0.52499

第四节　MatLab 在频域分析中的应用

频域法是常用的分析和校正控制系统的一种经典方法。频域法只在频率域内研究控制系统的运动规律。频域法分为频域分析法和频域校正法。频域分析的目的在于获得良好的动态和稳态性能，而实现这一目的则是通过系统校正完成的。就校正而言，应用频域法更加灵活。

控制系统的频率特性反映的是系统对正弦输入信号的响应性能。针对稳定的线性定常系统，在正弦函数输入下，稳态输出与输入之比称为系统的频率特性函数，即 $G(j\omega)=\dfrac{Y(j\omega)}{U(j\omega)}$。

频域分析法是一种图解分析法，它根据系统频率特性对系统性能进行分析。常用的图形有奈奎斯特（Nyquist）图、伯德（Bode）图、尼克尔斯（Nichols）图等。最常用的是 Bode 图，它包括幅频特性和相频特性两条曲线。MATLAB 提供了多种求取并绘制频率响应曲线的函数，使得复杂计算变得简单和方便。

一、奈奎斯特图

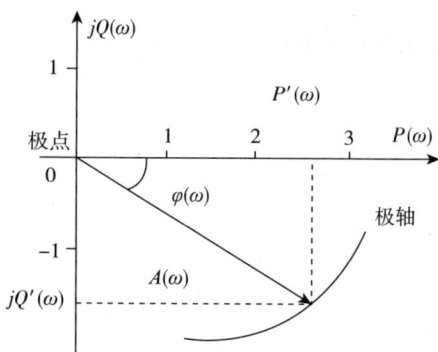

图 6 – 12　幅相坐标系

奈奎斯特（Nyquist）图：幅相频率特性曲线或极坐标图，系统的频率特性可写成 $G(j\omega)=A(\omega)e^{j\varphi(\omega)}$，它可以在极坐标中以一个矢量表示，矢量的长度等于模，而相对于极坐标的转角等于相位移。当 ω 给以不同的值时，$G(j\omega)$ 的矢量终端将绘出一条曲线。如图 6 – 12 所示，实轴代表实频值，虚轴代表虚频值。控制系统频率特性函数有如下形式：

$$G(j\omega)=A(\omega)e^{j\varphi(\omega)}=P(\omega)+jQ(\omega)$$

$$A(\omega)=\sqrt{P^2(\omega)+Q^2(\omega)} \qquad \varphi(\omega)=\arctan\frac{Q(\omega)}{P(\omega)}$$

式中，$A(\omega)$ 称为幅频特性；$\varphi(\omega)$ 称为相频特性；$P(\omega)$ 称为实频特性；$Q(\omega)$ 称为虚频特性。

MATLAB 提供了绘制系统奈奎斯特图的函数 nyquist( )，其语句格式为：

nyquist(G)　　%绘制奈奎斯特图，G 为系统数学模型

nyquist(G,w)　　%绘制指定角频率下系统的奈奎斯特图，w 为频率

nyquist(G1,G2,…)　　　%绘制多条奈奎斯特图

[re,im]=nyquist(G,w)　　%获得频率 w 对应的实轴和虚轴，re 为频率特性的实部，im 为虚部

[re,im,w]=nyquist(G)　　　%获得实部、虚部和频率

例 6 – 17　已知单位负反馈系统的传递函数 $G(s)=\dfrac{K}{(0.5s-1)(s+1)(2s+1)}$，分别绘制 $K=5$ 和 $K=15$ 时系统的 Nyquist 图，并判断闭环系统的稳定性，然后给出单位阶跃响应曲线，验证闭环系统的稳定性。

MATLAB 程序如下：

num1=5；

num2=15；

den=conv（[0.5 1]，conv（[1 1]，[2 1]））；

sys1=tf（num1，den）；

sys2=tf（num2，den）；

sys1f=feedback（sys1，1）；　　％闭环传递函数

Sys2f=feedback（sys2，1）；　　％闭环传递函数

figure（1）

subplot（1，2，1）；

nyquist（sys1）；

subplot（1，2，2）；

step（sys1f）；　　　　　％绘制单位阶跃响应曲线

figure（2）

subplot（1，2，1）；

nyquist（sys2）；

subplot（1，2，2）；

step（sys2f）；　　　　　％绘制单位阶跃响应曲线

运行程序，得到结果：

由图 6-13 可以看出，开环幅相频率特性曲线没有包围（-1，$j0$）点，即 N=0，开环传递函数没有不稳定的极点，即 P=0，根据 Nyquist 稳定判据，闭环系统不稳定的极点数为 Z=N+P=0，说明闭环系统是稳定的，这可从图中的单位阶跃响应证实。

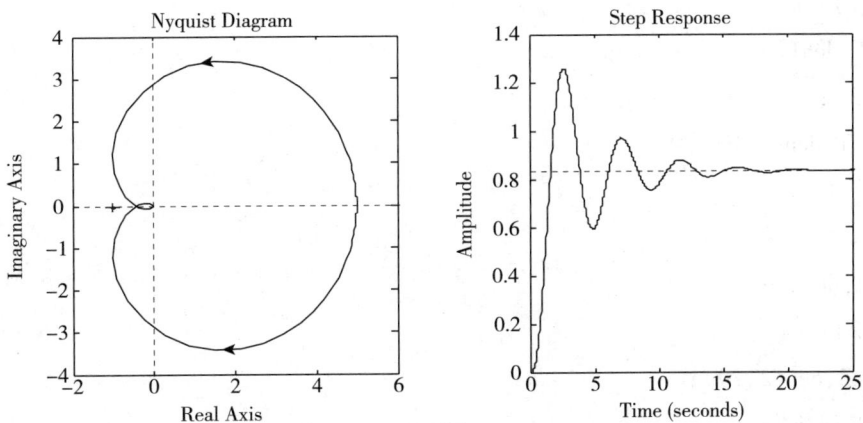

图 6-13　K=5 的 Nyquist 图和相应的闭环系统单位脉冲响应

由图 6-14 可以看出，开环幅相频率特性曲线顺时针包围（-1，$j0$）点 2 圈，即 N=2，开环传递函数没有不稳定的极点，即 P=0，因此，根据 Nyquist 稳定判据，闭环系统不稳定的极点数为 Z=N+P=2，说明闭环系统不稳定，这可从图中的单位阶跃响应证实。

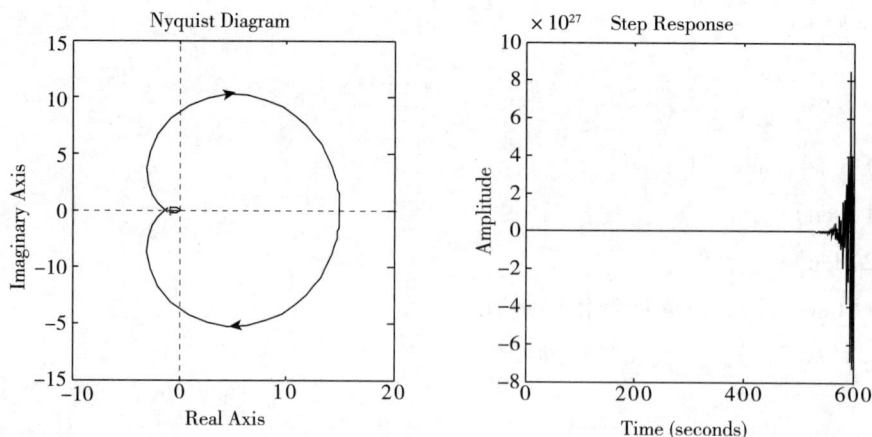

图 6 – 14 $K=15$ 的 Nyquist 图和相应的闭环系统单位脉冲响应

例 6 – 18 已知系统的开环传递函数为：（1）$G(s)=\dfrac{2}{s-1}$；（2）$G(s)=\dfrac{2}{s(s-1)}$。要求分别绘制系统的 Nyquist 图，判别系统的稳定性，并绘制闭环系统的单位脉冲响应进行验证。

MATLAB 程序如下：

```
num1=2;
den1=[1 -1];
num2 =2;
den2=conv([1 -1],[1 0]);
[numc1,denc1]=feedback(num1,den1,1,1);
[numc2,denc2]=feedback(num2,den2,1,1);
figure(1);
subplot(1,2,1);
nyquist(num1,den1);
subplot(1,2,2);
impulse(numc1,denc1,10);
figure(2);
subplot(1,2,1);
nyquist(num2,den2);
subplot(1,2,2);
impulse(numc2,denc2,20);
```

运行程序，得到结果：

从图 6 – 15 可以看出：Nyquist 逆时针包围 $(-1,j0)$ 点一圈，而系统（1）有一个开环极点均位于右半 s 平面，因此闭环系统稳定，这可从图中的单位脉冲响应证实。

从图 6 – 16 可以看出：Nyquist 顺时针包围 $(-1,j0)$ 点一圈，而系统（2）有一个开环极点均位于右半 s 平面，因此闭环系统不稳定，这可从图中的单位脉冲响应证实。

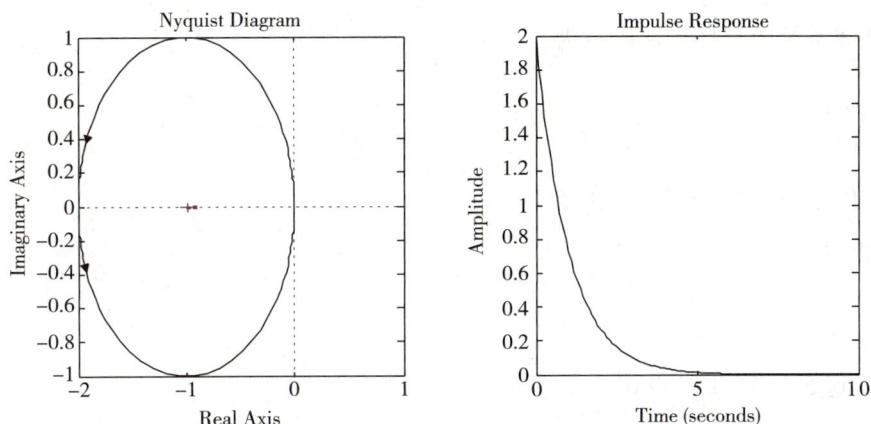

图 6 – 15　**Nyquist 图和相应的闭环系统单位脉冲响应（1）**

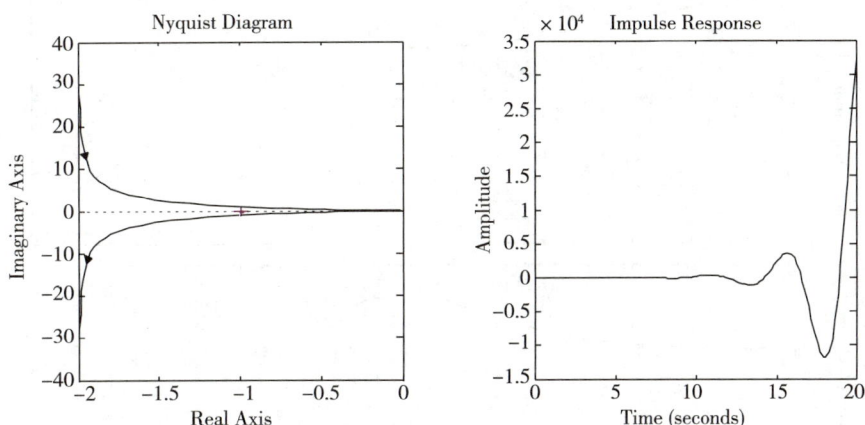

图 6 – 16　**Nyquist 图和相应的闭环系统单位脉冲响应（2）**

二、伯德图

用对数幅频坐标系和半对数相频坐标系描述的对数幅频特性和半对数相频特性称为伯德图（Bode图）。绘制伯德图要建立对数幅频坐标系和半对数相频坐标系，两个坐标系的横轴都代表角频率 ω，但不以 ω 均匀分度，而是以 $\lg\omega$ 均匀分度。对数幅频坐标系的纵轴是幅频特性 $A(\omega)$ 取常用对数的 20 倍，用 $L(\omega)$ 表示，即 $L(\omega)=20\lg A(\omega)$，单位为分贝（dB）；半对数相频坐标系的纵轴是相频特性，单位为度（"°"或"deg"）。

利用伯德图可观测在不同频率下，系统增益的大小及相位，也可观测到增益和相位随频率变化的趋势，从而对系统的稳定性特性进行分析和设计。

1. 绘制基本 Bode 图　MATLAB 提供了绘制系统伯德图的函数 bode（），其语句格式为：

bode（G）　％绘制伯德图，G 为系统数学模型

bode（G,w）　％绘制指定角频率下系统的伯德图，w 为频率

［mag,pha］=bode（G,w）　％获得频率 w 对应的幅值和相角

［mag,pha,w］=nyquist（G）　％得到系统 bode 图相应的幅值 mag、相角 pha 与角频率点 w 矢量。

例 6 - 19 已知系统的开环传递函数为：$G(s) = \dfrac{5(10s+1)}{s(s^2+0.2s+1)(0.5s+1)}$，试绘制系统的 Bode 图。

MATLAB 程序如下：

```
num=5*[10 1];
den=conv([1 0],conv([1 0.2 1],[0.5 1]));
G=tf(num,den);
bode(G);
grid;
```

程序运行后得到如图 6 - 17 所示。

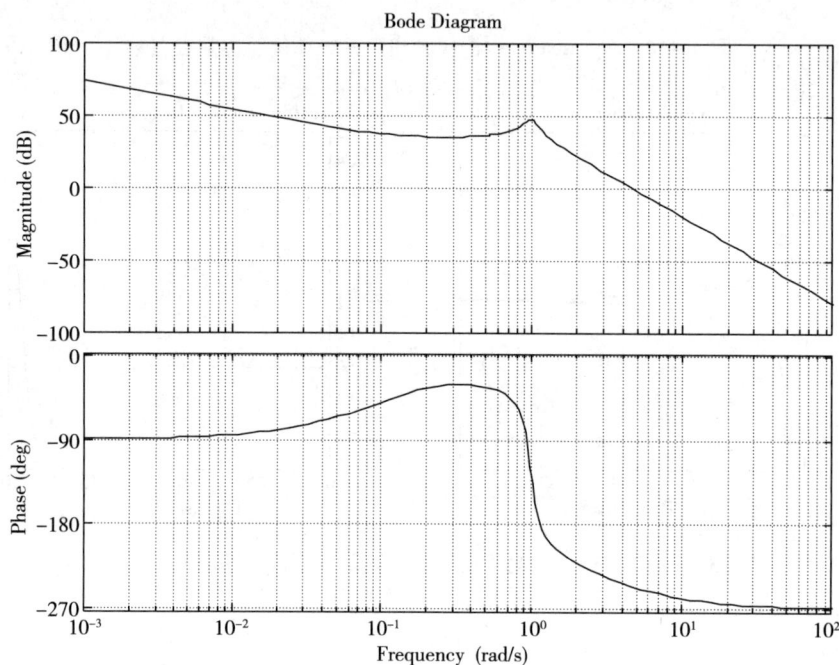

图 6 - 17 系统的 Bode 图

例 6 - 20 已知系统的传递函数 $G(s) = \dfrac{s+1}{s^3+2s^2+3s+4}$，试计算该系统的谐振幅值和谐振频率。

编写程序如下：

```
num=[1 1];
den=[1 2 3 4];
G=tf(num,den);
[mag,pha,w]=bode(G);
magn(1,:)=mag(1,:);
phase(1,:)=pha(1,:);
[M,i]=max(magn);
Mr=20*log10(M)    %求得谐振峰值
Pr=phase(1,i)
wr=w(i,1)    %求得谐振频率
```

程序运行结果为

Mr=3.5470

Pr= −69.5230

wr=1.5370

系统的谐振幅值和谐振峰值还可以从 MATLAB 绘制的 Bode 图中直接获得。其步骤如下：

首先，绘制系统的 Bode 图，程序如下：

```
num=[1 1];
    den=[1 2 3 4];
    G=tf(num,den);
    bode(G);
```

程序运行后得到如图 6 − 18（a）所示，然后在 Bode 图空白处点击鼠标右键，弹出菜单，选择"Peak Response"，然后再 Bode 图中出现一个实心圆点，该点就是系统的谐振频率处。将光标移至圆点处，便输出如图 6 − 18（b）所示的图形。

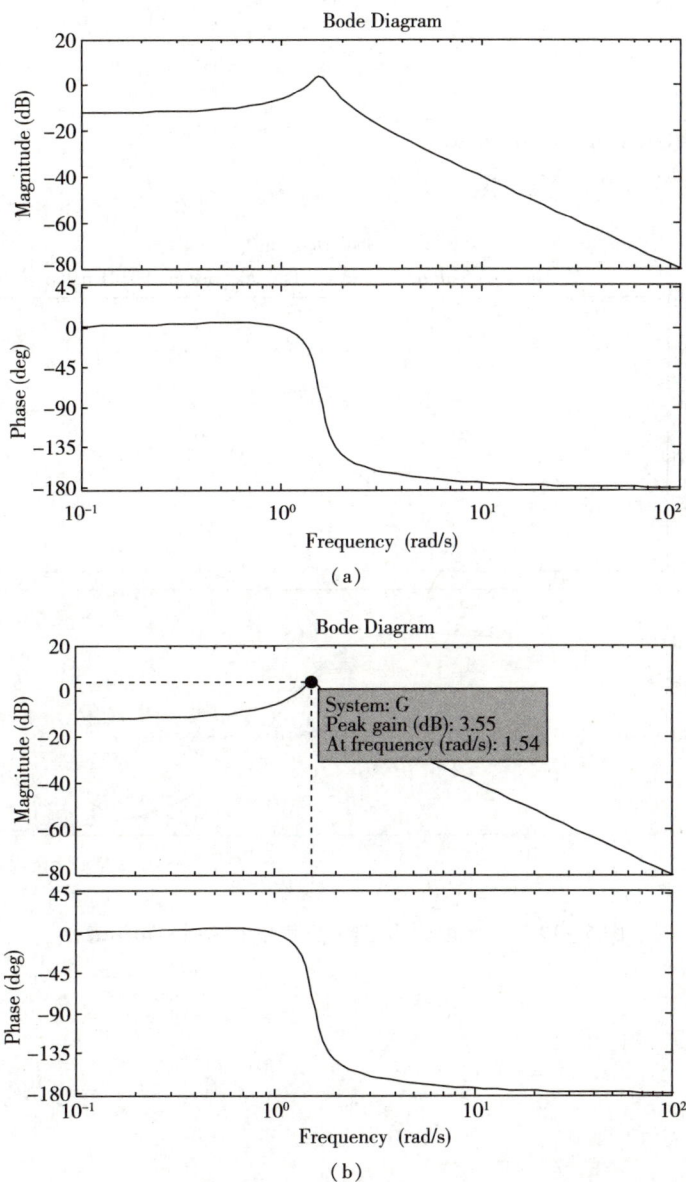

（a）

（b）

图 6 − 18　系统的 Bode 图（显示谐振峰值和谐振频率）

从图 6-18（b）中可以看出，系统的谐振峰值和谐振频率与前面的计算结果相一致。

2. 计算幅值裕量、相角裕量并绘制伯德图 MATLAB 提供了计算系统幅值裕量、相角裕量以及对应频率的函数 margin( )，其语句格式为：

margin(G)　% 绘制 Bode 图，计算系统的幅值裕度和相角裕度。

[Gm,Pm,Wcg,Wcp]=margin(G)　% 不直接绘制 Bode 图，计算幅值裕度 Gm（不是以 dB 为单位）、相角裕度 Pm、相角交界频率 Wcg 和截止频率 Wcp。

幅值裕量和相角裕量是针对开环系统而言的，它指出了系统闭环时的相对稳定性。

例 6-21 已知系统的开环传递函数为 $G(s) = \dfrac{4(s+1)}{s(s+3)(s+5)(s+7)}$，试绘制系统的 Bode 图，并计算系统的幅值裕量和相角裕量，判断系统的稳定性。

编写程序如下：

```
k=4;
z=[-1];
p=[0 -3 -5 -7];
G=zpk(z,p,k);
margin(G);
[Gm,Pm,Wcg,Wcp]=margin(G)
```

程序运行后得到如图 6-19 所示结果。

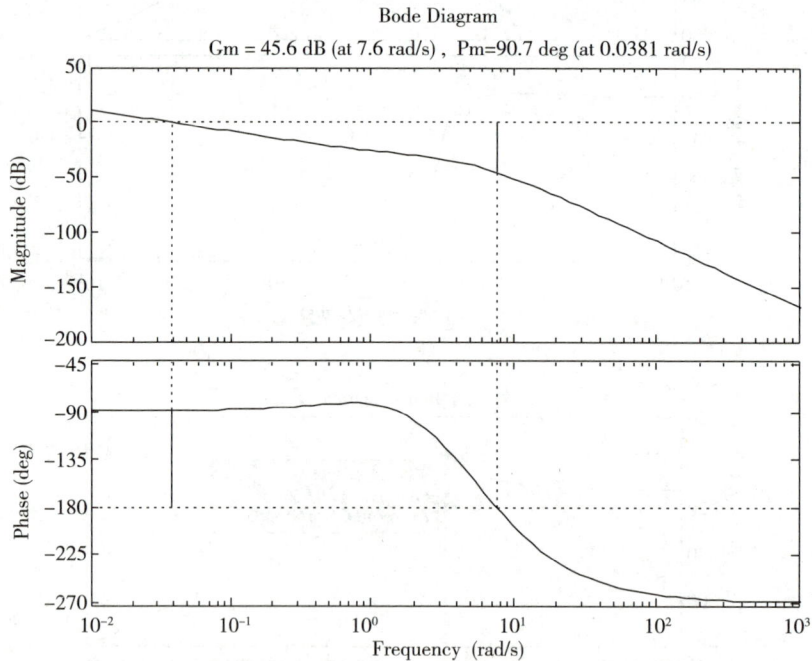

图 6-19　系统的 Bode 图（显示幅值裕量相角裕量）

程序运行结果为：

Gm=　190.5618

Pm=　90.7063

Wcg=　7.6037

Wcp＝　0.0381

由以上结果可以看出，只有 Gm 与图 4.8 中显示数值不一致，这是因为用 margin（）计算出来的 Gm 数值不是以 dB 为单位的。如果按照公式计算：20 * log10（190.5648）=45.6009，结果就完全相同。由运行结果可知，相角裕度大于零，该闭环系统是稳定的。

说明：如果运行结果中 Wcg 和 Wcp 为 nan 或者 Inf，则说明 Gm 和 Pm 数据溢出为无穷大。

三、尼柯尔斯图

尼柯尔斯图是将对数幅频特性和对数相频特性画在一个图上，即以 $\varphi(\omega)$（度）进行线性分度的横轴，以 $L(\omega)=20\lg A(\omega)$（dB）进行分度的纵轴，以 ω 为参数绘制的 $G(j\omega)$ 曲线。使用 nichols 命令判断系统的稳定性与使用奈奎斯特图判断系统稳定性类似。

MATLAB 提供了绘制系统尼柯尔斯图的函数 nichols(),其语句格式为：

nichols(G)　%绘制 nichols 图

nichols(G1,G2,…,w)　%绘制多条 nichols 图

[mag,pha]=nichols(G,w)　%获得频率 w 对应的幅值和相角

[mag,pha,w]=nichols(G)　%得到幅值 mag、相角 pha 与频率 w

例 6-22　某一单位反馈控制系统的开环传递函数为 $G(s)=\dfrac{k(s+2)}{(s+1)(s^2+2s+4)}$，试绘制出当 k 分别取 20、10 和 5 时系统的 Nichols 图并进行稳定性分析。

MATLAB 程序如下：

num1=[1 2]; den1=[1 1];

sys1=tf(num1,den1);

num2=[1];den2=[1 2 4];

sys2=tf(num2,den2);

sys=series(sys1,sys2);

k=[20,10,5];

for i=1:3

nichols(k(i) * sys);

　　hold on

end

ngrid

axis([-200 0 -40 40])

运行程序，得到结果：

可以看出：该系统有很大的增益裕量和正的相角裕量，闭环系统是稳定的。

为了证明这一点，执行以下程序，可得到图 6-21 的单位阶跃响应。

t=[0:0.01:10];

k=[20,10,5];

for i=1:3;

num1=k(i) * [1 2]; den1=[1 1];

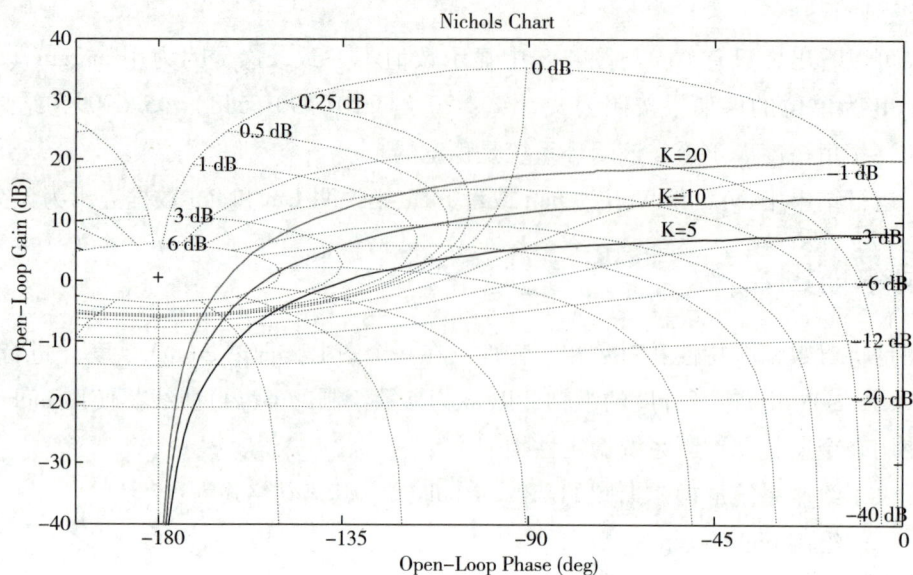

图 6 – 20　系统的 Nichols 图

sys1＝tf(num1,den1);

num2＝[1];　den2＝[1 2 4];

sys2＝tf(num2,den2);

sys＝series(sys1,sys2);

sysb＝feedback(sys,1);

step(sysb,t);

hold on

end

程序运行后得到如图 6 – 21 所示结果。

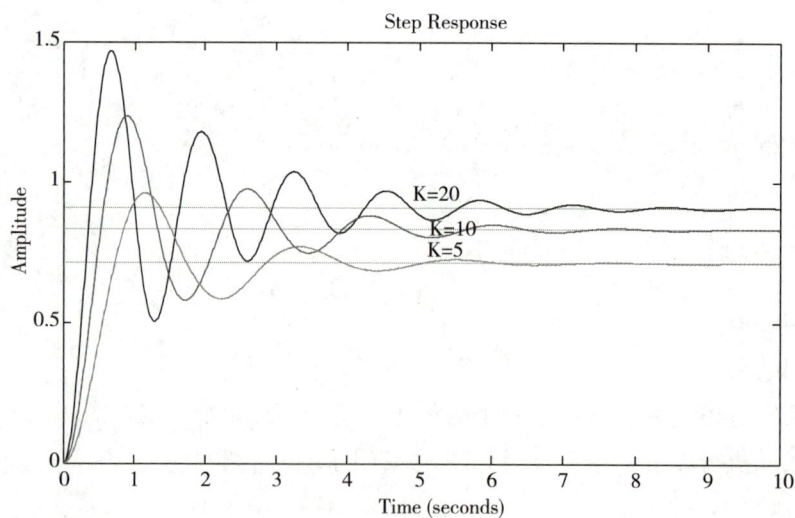

图 6 – 21　系统的单位阶跃响应

知识链接

MATLAB 在医疗器械中的应用案例

1. 吻合器设计　MATLAB 可用于吻合器的机械结构设计、力学性能分析和优化，以提高吻合器的性能和安全性。

2. 手术机器人　在手术机器人的开发中，MATLAB 可以用于机器人的运动控制、路径规划和手术模拟，帮助医生进行精准的手术操作。

3. 医疗设备软件开发　MATLAB 可用于医疗设备软件的开发，包括算法设计、代码生成和测试，提高软件的可靠性和效率。

4. 生物医学信号处理　MATLAB 提供了丰富的信号处理工具，可用于处理和分析生物医学信号，如心电图、脑电图等，辅助疾病诊断和治疗。

5. 医学图像处理　在医学图像处理中，MATLAB 可用于图像增强、分割、配准等，帮助医生更好地理解和分析医学图像。

6. 药物研发　MATLAB 可以用于药物研发中的数据分析、建模和模拟，加速药物研发过程。

目标检测

答案解析

编程题

1. 试求系统 $G(s) = \dfrac{s^2 - 0.5s + 2}{s^2 - 0.4s + 1}$ 的零点、极点和增益。

2. 已知单位负反馈系统的开环传递函数为 $G(s) = \dfrac{1}{2s^4 + 3s^3 + s^2 + 5s + 4}$，试判定系统的稳定性。

3. 已知控制系统开环传递函数为 $G(s)H(s) = \dfrac{10}{s^2 + 2s + 10}$，绘制其 Bode 图。

书网融合……

本章小结

第七章 直流调速系统

学习目标

1. 掌握 转速开环、转速闭环、转速－电流双闭环直流调速系统的工作原理及调速特性，以及各种直流调速系统的静特性、动态数学模型。

2. 熟悉 转速开环、转速闭环、转速－电流双闭环直流调速系统的各种调节器的参数计算以及调节器的工程设计方法。

3. 了解 调节对象的工程近似处理方法。

4. 学会转速开环、转速闭环、转速－电流双闭环直流调速系统的仿真模型的建立、运行、及调节器参数调整；能够进行直流调速系统调节器的工程设计。

⇒ 案例分析

实例 医疗器械用直流调速系统具有如下一些特点：高精度和稳定性、快速响应、低噪音、可靠性高、可调节性强、电磁兼容性好、易于集成、安全保护功能完善等。例如，手术机器人的关节驱动电机需要精确的速度和位置控制，以实现平稳的运动和操作。直流调速系统可以通过调节电机的转速和转矩，满足手术机器人的要求。

问题 1. 手术机器人为什么多选用直流调速系统？

2. 试画出手术机器人的运动控制系统框图。

电力拖动自动控制系统的任务是通过控制电动机电压、电流、频率等输入量，来改变工作机械的转矩、速度、位移等机械量，使各种工作机械按照人们期望的要求运行。现代运动控制技术以各类电动机为控制对象，以计算机和其他电子装置为控制手段，以电力电子装置为弱电控制强电的纽带，以自动控制理论和信息处理理论为理论基础，以计算机数字仿真和计算机辅助设计（CAD）为研究和开发工具。

直流调速系统的分析与控制理论是控制规律的基础，许多高性能交流调速系统以及伺服系统都是在直流调速的基础上发展起来的，现在仍有大量的小容量直流调速系统还在应用，例如连续被动运动（CPM）广泛应用于骨伤以及骨关节术后的治疗和康复，是现代骨科和康复科的必备仪器。康复器对驱动电机的要求是调速范围宽、机械特性硬和启动特性好，直流电机尤其适于上述要求，且调速系统成本较低，是康复器优先选用的动力源。因此，掌握直流调速系统的基本规律和控制方法是非常必要的。

直流电动机的稳态转速可表示为：

$$n = \frac{U - IR}{K_e \Phi} \qquad\qquad (7-1)$$

式中，n 为转速（r/min）；U 为电枢电压（V）；I 为电枢电流（A）；R 为电枢回路总电阻（Ω）；Φ 为励磁磁通（Wb）；K_e 为由电机结构决定的电动势常数。

由上式可以看出，有三种可以调节电动机转速的方法：①调节电枢供电电压；②减弱励磁磁通；③改变电枢回路电阻。

自动控制的直流调速系统往往以变压调速为主。

第一节 转速开环控制的直流调速系统

直流电动机调节电枢供电电压首先解决的是可控直流电源。随着电力电子技术的发展，近代直流调速系统常使用以电力电子器件组成的静止式可控直流电源作为电动机的供电电源装置。图7-1为晶闸管-直流电动机调速系统（简称V-M系统）的原理图。

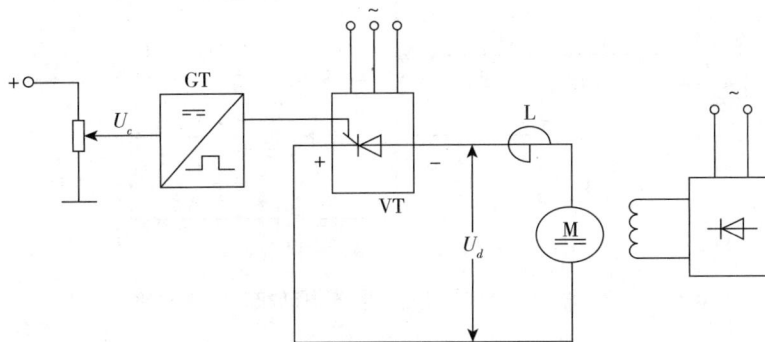

图7-1 晶闸管-直流电动机调速系统（V-M系统）的原理图

当电流波形连续时，V-M系统的机械特性方程式为：

$$n = \frac{1}{C_e}(U_{d0} - I_d R) \tag{7-2}$$

式中，C_e为电动机在额定磁通下的电动势系数。

在进行调速系统的分析和设计时，把晶闸管触发和整流装置当作系统中的一个环节来看待。在一定的工作范围内近似看成线性环节，即稳态时

$$U_{d0} = K_s U_c \tag{7-3}$$

式中，U_{d0}为平均整流电压；U_c为控制电压；K_s为晶闸管整流器放大系数。

将式（7-3）代入（7-2），则机械特性表达式可以表示为：

$$n = \frac{1}{C_e}(K_s U_c - I_d R) \tag{7-4}$$

由此可知，改变控制电压U_c可得到不同U_{d0}，相应的机械特性为一族平行的直线，如图7-2所示。

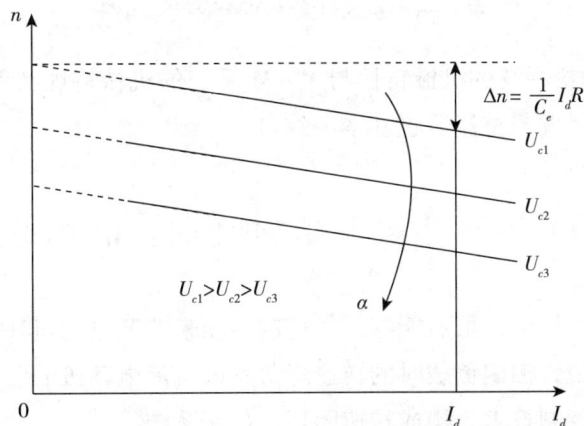

图7-2 V-M系统的机械特性

自从全控型电力电子器件问世以后，就出现了采用脉冲宽度调制的高频开关控制方式，形成了脉宽调制变换器 – 直流电动机调速系统，简称直流脉宽调速系统。根据 PWM 变换器主电路的不同形式。直流 PWM 调速系统可分为不可逆和可逆两大类。

脉宽调制变换器的作用：用脉冲宽度调制的方法，把恒定的直流电源电压调制成频率一定、宽度可变的脉冲电压序列，从而可以改变平均输出电压的大小，以调节电动机转速。图 7 – 3 为简单的不可逆 PWM 变换器 – 直流电动机系统主电路原理图。

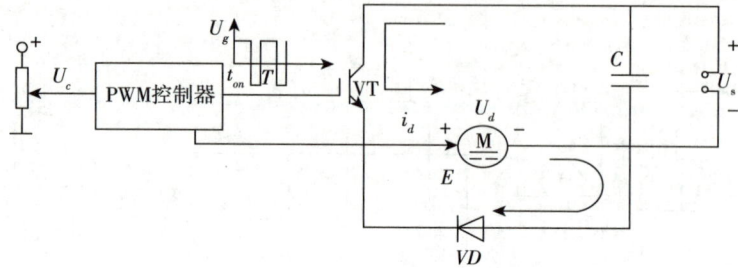

图 7 – 3 不可逆 PWM 变换器 – 直流电动机系统主电路原理图

改变控制电压 U_c 可以改变 PWM 控制器的占空比，从而改变直流电动机电枢平均电压，实现直流电动机的调压调速。

如果要求转速反向，需要能够改变 PWM 变换器输出电压的极性，使直流电动机可以在四象限运行，为此，需搭建可逆的 PWM 变换器 – 直流电动机系统。图 7 – 4 为桥式可逆 PWM 变换器电路。

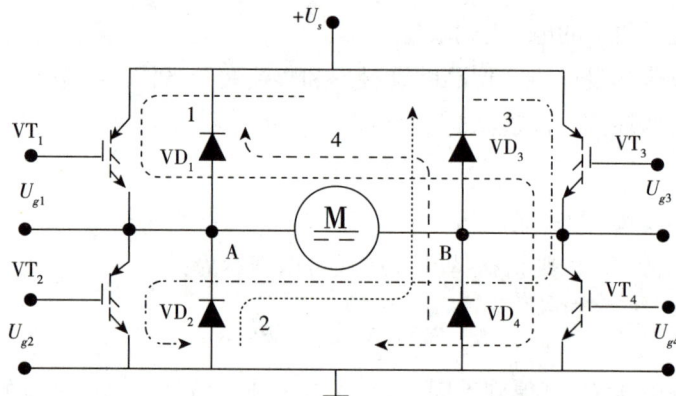

图 7 – 4 桥式可逆 PWM 变换器电路

PWM 变换器 – 直流电动机系统的机械特性与 V – M 系统的机械特性类似，同样，PWM 控制与变换器的动态数学模型和晶闸管触发与整流装置基本一致。

第二节 转速闭环控制的直流调速系统

在转速开环的直流调速系统中，虽然能够通过控制电压来调节电动机转速，但这种系统对负载扰动没有任何抑制作用，也就是说，额定负载时的转速降落是由直流电动机的参数决定的，无法改变。解决问题的有效途径是采用反馈控制技术，构成转速闭环的控制系统。

根据自动控制原理，将系统的被调节量作为反馈量引入系统，与给定量进行比较，取其偏差值对系统进行控制，可以有效地抑制甚至消除扰动造成的影响，而维持被调节量很少变化或不变，这就是反馈控制的基本作用。

引入负反馈，在负反馈基础上的"检测误差，用以纠正误差"这一原理组成的系统，其输出量反馈的传递途径构成一个闭合的环路，因此被称作闭环控制系统。在直流调速系统中，被调节量是转速，所构成的是转速反馈控制的直流调速系统。

一、比例控制转速闭环直流调速系统的结构与静特性

图 7-5 是具有转速负反馈的直流调速系统，在电动机轴上安装测速发动机 TG 以得到与被测转速成正比的反馈电压 U_n。闭环控制系统与开环控制系统的主要差别就在于转速 n 经过测量反馈到输入端并参与控制。

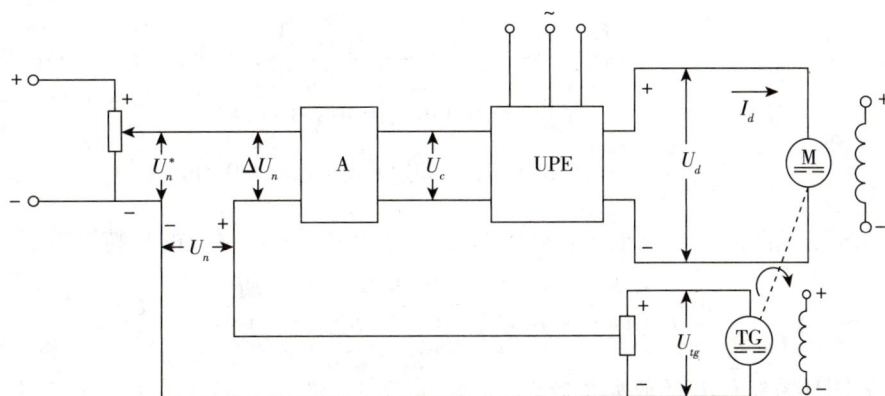

图 7-5 带转速负反馈的闭环直流调速系统原理框图

下面分析闭环调速系统的稳态特性。为了突出主要矛盾，做如下假设：①忽略各种非线性因素，假定系统中各环节的输入、输出关系都是线性的，或者只取其线性工作段；②忽略控制电源和电位器的内阻。

这样，图 7-5 所示的转速负反馈闭环直流调速系统中各环节的稳态关系如下：

电压比较环节 $\qquad\qquad\qquad\qquad \Delta U_n = U_n^* - U_n$

比例调节器 $\qquad\qquad\qquad\qquad U_c = K_p \Delta U_n$

电力电子变换器 $\qquad\qquad\qquad\qquad U_{d0} = K_s U_c$

直流电动机 $\qquad\qquad\qquad\qquad n = \dfrac{U_{d0} - I_d R}{C_e}$

测速反馈环节 $\qquad\qquad\qquad\qquad U_n = \alpha n$

式中，K_p 为比例调节器的比例系数；α 为转速反馈系数。

根据各环节的稳态关系可以画出闭环系统的稳态结构图，如图 7-6 所示。

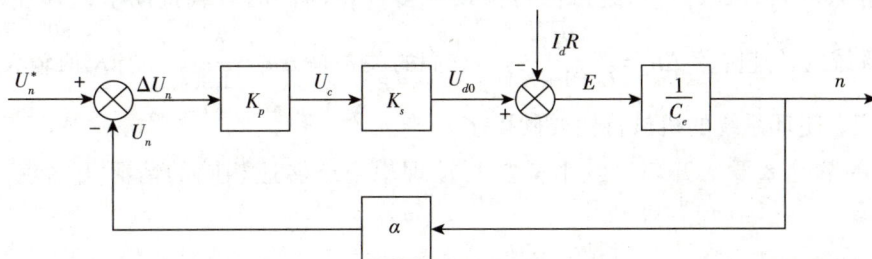

图 7-6 转速负反馈闭环直流调速系统稳态结构框图

将给定量 U_n^* 和扰动量 $-I_dR$ 看成两个独立的输入量，先按它们分别作用下的系统（图 7-7）求出各自的输出和输入关系式。

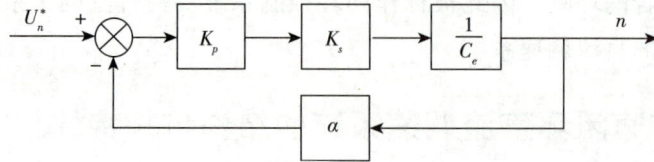

（a）只考虑给定作用时的闭环系统

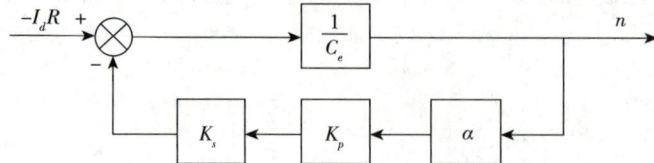

（b）只考虑扰动作用时的闭环系统

图 7-7　转速负反馈闭环直流调速系统稳态结构框图分解

由于已认定系统是线性的，可以把两者叠加起来，得到闭环调速系统的静特性方程式：

$$n = \frac{K_pK_sU_n^* - I_dR}{C_e(1 + K_pK_s\alpha/C_e)} = \frac{K_pK_sU_n^*}{C_e(1+K)} - \frac{RI_d}{C_e(1+K)} \tag{7-5}$$

式中，$K = \dfrac{K_pK_s\alpha}{C_e}$ 为闭环系统的开环放大系数。

闭环调速系统的静特性表示闭环系统稳态时电动机转速与负载电流（或转矩）间的稳态关系，它在形式上与开环机械特性相似，本质上有很大不同。

二、开环系统机械特性和比例控制闭环系统静特性的对比分析

如果断开图 7-5 中反馈回路即为开环系统，则系统的开环机械特性为：

$$n = \frac{U_{d0} - I_dR}{C_e} = \frac{K_pK_sU_n^*}{C_e} - \frac{RI_d}{C_e} = n_{0op} - \Delta n_{op} \tag{7-6}$$

式中，n_{0op} 表示开环系统的理想空载转速；Δn_{op} 表示开环系统的稳态速降。

而比例控制闭环系统的静特性为：

$$n = \frac{K_pK_sU_n^*}{C_e(1+K)} - \frac{RI_d}{C_e(1+K)} = n_{0cl} - \Delta n_{cl} \tag{7-7}$$

式中，n_{0cl} 表示闭环系统的理想空载转速；Δn_{cl} 表示闭环系统的稳态速降。

比较式（7-6）和（7-7），不难得出如下论断。

1. 闭环系统静特性可以比开环系统机械特性硬得多　在同样的负载扰动下，开环系统的转速降落 $\Delta n_{op} = \dfrac{RI_d}{C_e}$，闭环系统的转速降落 $\Delta n_{cl} = \dfrac{RI_d}{C_e(1+K)}$，它们的关系是 $\Delta n_{cl} = \dfrac{\Delta n_{op}}{1+K}$，当 K 值较大时，Δn_{cl} 比 Δn_{op} 小得多。也就是说，闭环系统的机械特性要硬得多。

2. 闭环系统的静差率要比开环系统小得多　按理想空载转速相同的情况相比较，当 $n_{0op} = n_{0cl}$ 时，$s_{cl} = \dfrac{s_{op}}{1+K}$。

3. 如果所要求的静差率一定，则闭环系统可以大大提高调速范围　如果电动机的最高转速都是 n_N，

最低速静差率都是 s，那么由表示调速范围、静差率和额定速降关系式可得开环时，$D_{op} = \dfrac{n_N s}{\Delta n_{op}(1-s)}$，闭环时 $D_{cl} = \dfrac{n_N s}{\Delta n_{cl}(1-s)}$，$D_{cl} = (1+K)D_{op}$。

概括以上三点可得结论：比例控制的直流调速系统可以获得比开环系统硬得多的稳态特性，即负载引起的转速降落减小了，从而保证在一定静差率的要求下，能够获得更宽的调速范围。为此，需设置电压放大器和转速检测装置。

三、闭环直流调速系统的反馈控制规律

比例控制的闭环直流调速系统是一种基本的反馈控制系统，它具有以下三个基本特征，也就是反馈控制的基本规律。同理，各种不另加其他调节器的反馈控制系统都服从这些规律。

1. 只有比例放大器的反馈控制系统，其被调量仍是有静差的　由于 $\Delta n_{cl} = \dfrac{RI_d}{C_e(1+K)}$，只有 $K = \infty$，才能使 $\Delta ncl = 0$，而这是不可能的。过大的 K 值也会导致系统的不稳定。

2. 反馈控制系统的作用：抵抗扰动，服从给定　一方面能够有效地抑制一切被包含在负反馈环内前向通道上的扰动作用；另一方面能紧紧跟随着给定作用，对给定信号的任何变化都是唯命是从。闭环控制系统的给定作用和扰动作用如图 7-8 所示。

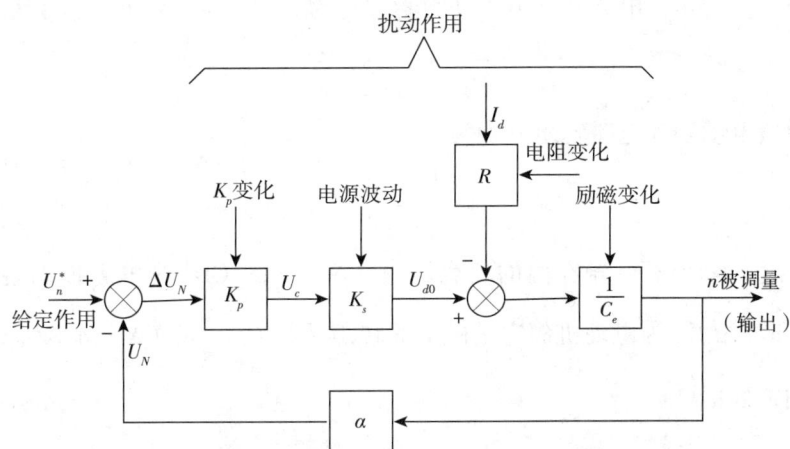

图 7-8　闭环调速系统的给定作用和扰动作用

3. 系统的精度依赖于给定和反馈检测的精度　反馈控制系统无法鉴别是给定信号的正常调节还是外界的电压波动，因此，高精度的调速系统必须有更高精度的给定稳压电源。反馈通道上有一个测速反馈系数，它同样存在着因扰动而发生的波动，由于它不是在被反馈环包围的前向通道上，因此也不能被抑制。

四、比例控制转速闭环系统的稳定性

增加比例调节器的比例系数，可以减小转速降落，从而扩大调速范围，理论上当比例系数为无穷大时，系统基本上就没有转速降落了，调速范围可以无限大。那么比例系数可以无限增大吗？

1. 转速反馈控制直流调速系统的动态数学模型　以图 7-5 所示的转速闭环控制直流调速系统为例，各主要环节的传递函数如下：

比例放大器的传递函数
$$W_\alpha(s) = \frac{U_c(s)}{\Delta U_n(s)} = K_p \qquad (7-8)$$

电力电子变换器的传递函数
$$W_s(s) \approx \frac{K_s}{T_s s + 1} \qquad (7-9)$$

测速反馈的传递函数
$$W_{fn}(s) = \frac{U_n(s)}{n(s)} = \alpha \qquad (7-10)$$

他励直流电动机在额定励磁下的等效电路如图（7-9）所示。

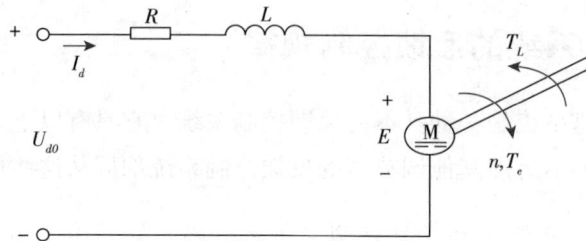

图7-9 他励直流电动机在额定励磁下的等效电路

假定主电路电流连续，动态电压方程为：
$$U_{d0} = RI_d + L \frac{dI_d}{dt} + E \qquad (7-11)$$

忽略黏性摩擦及弹性转矩，电动机轴上的动力学方程为：
$$T_e - T_L = \frac{GD^2}{375} \frac{dn}{dt} \qquad (7-12)$$

额定励磁下的感应电动势和电磁转矩分别为：
$$E = C_e n \qquad (7-13)$$
$$T_e = C_m I_d \qquad (7-14)$$

式中，T_L 为包括电动机空载转矩在内的负载转矩（N·m）；GD^2 为电力拖动装置折算到电动机轴上的飞轮惯量（N·m²）；C_m 为电动机额定励磁下的转矩系数 $C_m = \frac{30}{\pi} C_e$（N·m/A）。

再定义下列时间常数：

$T_l = \frac{L}{R}$ ——电枢回路电磁时间常数(s)；

$T_m = \frac{GD^2 R}{375 C_e C_m}$ ——电力拖动系统机电时间常数(s)

整理以上各式可得：
$$U_{d0} - E = R\left(I_d + T_l \frac{dI_d}{dt}\right) \qquad (7-15)$$

$$I_d - I_{dL} = \frac{T_m}{R} \frac{dE}{dt} \qquad (7-16)$$

式中，$I_{dL} = \frac{T_L}{C_m}$ 为负载电流（A）。

在零初始条件下，取拉氏变换，得电压与电流间的传递函数
$$\frac{I_d(s)}{U_{d0}(s) - E(s)} = \frac{\frac{1}{R}}{T_l s + 1} \qquad (7-17)$$

电流与电动势间的传递函数

$$\frac{E(s)}{I_d(s)-I_{dL}(s)}=\frac{R}{T_m s} \tag{7-18}$$

式（7-17）和（7-18）的动态结构图分别为图7-10的（a）、（b）图，将两图合并，即得额定励磁下直流电动机的动态结构图，如图7-10（c）所示。

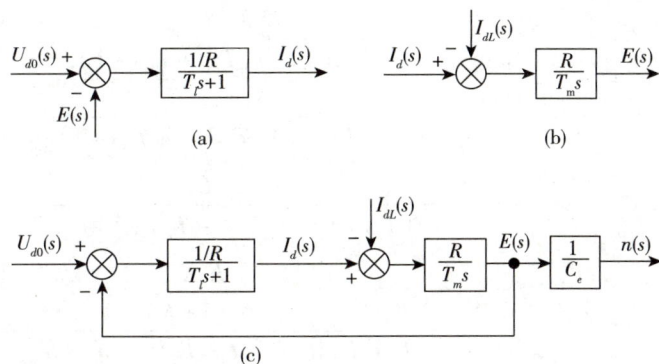

图7-10　额定励磁下直流电动机的动态结构图

由图7-10（c）可以看出，直流电动机有两个输入量：一个是施加在电枢上的理想空载电压 U_{d0}，是控制输入量；另一个是负载电流 I_{dL}。前者是控制输入量，后者是扰动输入量。如果不需要在结构图中显现出电流 I_d，可将扰动量 I_{dL} 的综合点移前，再进行等效变换，得图7-11。

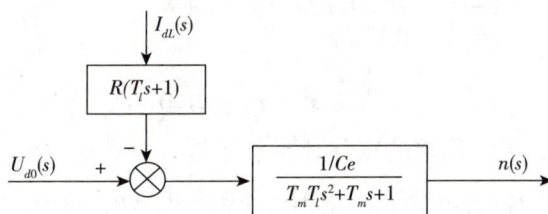

图7-11　直流电动机动态结构框图的变换

由图7-11可知，额定励磁下的直流电动机是一个二阶线性环节，时间常数 T_m 表示机电惯性，时间常数 T_l 表示电磁惯性。

转速反馈控制直流调速系统中还有比例放大器和测速反馈环节，它们的响应都可以认为是瞬时的，因此它们的传递函数就是它们的放大系数，结合式（7-8）、（7-9）、（7-10）就可以画出闭环直流调速系统的动态结构框图，如图7-12所示。

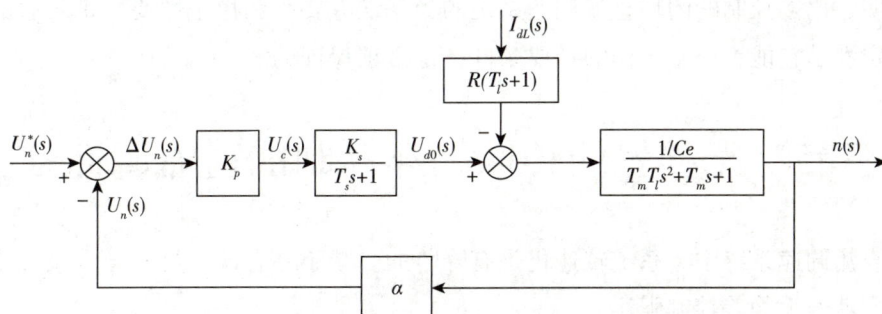

图7-12　转速反馈控制直流调速系统的动态结构框图

由图可见，转速反馈控制直流调速系统的开环传递函数为：

$$W(s) = \frac{U_n(s)}{\Delta U_n(s)} = \frac{K}{(T_s s + 1)(T_m T_l s^2 + T_m s + 1)} \tag{7-19}$$

式中，$K = K_p K_s a / C_e$。

设 $I_{dL} = 0$，从给定输入作用上看，转速反馈控制直流调速系统的闭环传递函数为：

$$W_{cl}(s) = \frac{n(s)}{U_n^*(s)} = \frac{\dfrac{K_p K_s / C_e}{(T_s s + 1)(T_m T_l s^2 + T_m s + 1)}}{1 + \dfrac{K_p K_s a / C_e}{(T_s s + 1)(T_m T_l s^2 + T_m s + 1)}}$$

$$= \frac{K_p K_s / C_e}{(T_s s + 1)(T_m T_l s^2 + T_m s + 1) + K}$$

$$= \frac{\dfrac{K_p K_s}{C_e(1+K)}}{\dfrac{T_m T_l T_s}{1+K}s^3 + \dfrac{T_m(T_l + T_s)}{1+K}s^2 + \dfrac{T_m + T_s}{1+K}s + 1} \tag{7-20}$$

2. 比例控制闭环直流调速系统的动态稳定性　在比例控制的反馈系统中，比例系数 K_p 越大，稳态误差越小，稳态性能就越好。但是闭环调速系统是否能够正常运行，还要看系统的动态稳定性。

由转速反馈直流调速系统的闭环传递函数式（7-20）可知，比例控制闭环系统的特征方程式为：

$$\frac{T_m T_l T_s}{1+K}s^3 + \frac{T_m(T_l T_s)}{1+K}s^2 + \frac{T_m + T_s}{1+K}s + 1 = 0 \tag{7-21}$$

它的一般表达式为：

$$a_0 s^3 + a_1 s^2 + a_2 s + a_3 = 0$$

根据三阶系统的劳斯判据，系统稳定的充分必要条件是

$$a_0 > 0, a_1 > 0, a_2 > 0, a_3 > 0, a_1 a_2 - a_0 a_3 > 0$$

式（7-21）的各项系数显然都是大于零的，因此稳定条件就只有

$$\frac{T_m(T_l + T_s)}{1+K} \cdot \frac{T_m + T_s}{1+K} - \frac{T_m T_l T_s}{1+K} > 0$$

整理后得：

$$K < \frac{T_m(T_l + T_s) + T_s^2}{T_l T_s}, \quad 即\ K < \frac{T_m}{T_s} + \frac{T_m}{T_l} + \frac{T_s}{T_l} \tag{7-22}$$

式（7-22）右边称作系统的临界放大系数 K_{cr}，当 $K \geqslant K_{cr}$ 时，系统将不稳定。

以上分析表明，比例控制的闭环直流调速系统的稳态误差要小和稳定性要好是矛盾的。对于自动控制系统来说，稳定性是它能否正常工作的首要条件，是必须保证的。

第三节　无静差的转速闭环控制的直流调速系统

在比例控制直流调速系统中，系统转速仍是有降落的。减小稳态误差可能导致系统不稳定。能否通过改进调节器实现转速无静差控制呢？

在采用比例调节器的调速系统中，调节器的输出是电力电子变换器的控制电压 U_c，输入输出关系是 $U_c = K_p \Delta U_n$。只要电动机在运行，就必须有控制电压 U_c，因而也必须有转速偏差信号 ΔU_n，这是此类

调速系统有偏差的根本原因。当负载转矩由 T_{l1} 突增加到 T_{l2} 时，有静差调速系统的转速 n、偏差电压 ΔU_n 和控制电压 ΔU_n 的变化过程如图 7-13 所示。

前面内容学习过积分调节器和积分控制规律，如果采用积分调节器，则控制电压 U_c 是转速偏差电压 ΔU_n 的积分 $U_c = \frac{1}{\tau}\int_0^t \Delta U_n dt$，当 ΔU_n 是阶跃信号，则输出 U_c 按线性规律增长。每一时刻 U_c 的大小和 ΔU_n 与横轴所包围的面积成正比，如图 7-14（a）所示。图中 U_{cm} 是积分调节器的输出限幅值。对于闭环系统中的积分调节器，ΔU_n 不是阶跃函数，而是随转速不断变化的。当电动机起动后，随着转速的升高，ΔU_n 不断减小，但积分作用使 U_c 仍继续增长，只不过 U_c 的增长不是线性的了，每一时刻 U_c 的大小仍和 ΔU_n 与横轴所包围的面积成正比，如图 7-14（b）所示。这里强调的是，当 $\Delta U_n = 0$ 时，U_c 并不是零，而是一个终值 U_{cf}。如果 ΔU_n 不再变化，则这个终值便保持恒定不再变化，这是积分控制不同于比例控制的特点。正因为如此，积分控制可以使系统在无静差的情况下保持恒速运行，实现无静差调速。

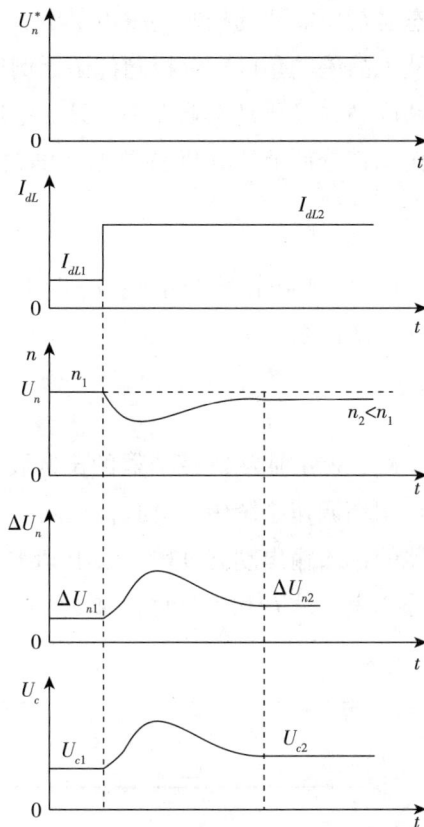

图 7-13　有静差调速系统突加负载时的动态过程

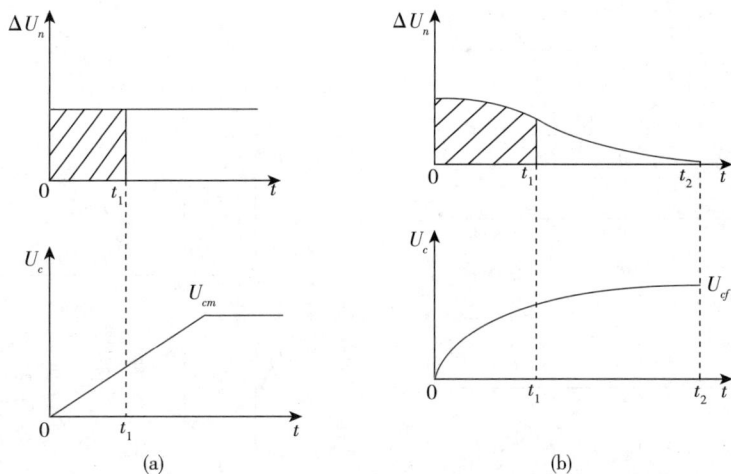

图 7-14　积分调节器的输入和输出动态过程

当负载突增时，积分控制的无静差调速系统的动态过程曲线如图 7-15 所示。当系统稳定运行时，$U_n = U_n^*$，$\Delta U_n = 0$，$I_d = I_{dL1}$，$U_c = U_{c1}$。突加负载引起速降时，产生 ΔU_n，U_c 不断上升，使电枢电压也由 U_{d1} 不断上升，从而使转速 n 在下降到一定程度后又回升。达到新的稳态时，ΔU_n 又恢复为零，但 U_c 已从 U_{c1} 上升到 U_{c2}，使电枢电压由 U_{d1} 上升到 U_{d2}，以克服负载电流增加的压降。这里，U_c 的改变并非仅仅依靠 ΔU_n 本身，而是依靠 ΔU_n 在一段时间内的积累。

归纳以上分析，比例调节器的输出只取决于输入偏差量的现状，而积分调节器的输出则包含了输入偏差量的全部历史。积分调节器到稳态时 $\Delta U_n = 0$，只要历史上有过 ΔU_n，其积分就有一定数值，足以产生稳态运行所需要的控制电压 U_c。

从无静差的角度积分控制优于比例控制，但在控制的快速性上，积分控制不如比例控制。如果既要稳态精度高，又要动态响应快，只要把这两种控制结合起来就行了，这就是比例积分（PI）控制。

比例积分调节器（PI 调节器）的输入输出关系为：

$$U_{ex} = K_p U_{in} + \frac{1}{\tau} \int_0^t U_{in} dt \qquad (7-23)$$

式中，U_{in} 为 PI 调节器的输入；U_{ex} 为 PI 调节器的输出。

其传递函数为

$$W_{PI}(s) = K_p + \frac{1}{\tau s} = \frac{K_p \tau s + 1}{\tau s} \qquad (7-24)$$

式中，K_p、τ 分别为 PI 调节器的比例放大系数、积分系数。

在闭环调速系统中，负载扰动同样引起 ΔU_n 的变化，图 7-16 绘出了负载扰动时闭环系统比例积分调节器的输入输出动态过程。采用 PI 调节器输出部分 U_c 由两部分组成，比例部分①和 ΔU_n 成正比，积分部分②表示从 $t=0$ 到此时刻对 $\Delta U_n(t)$ 的积分值，U_c 是这两部分之和。

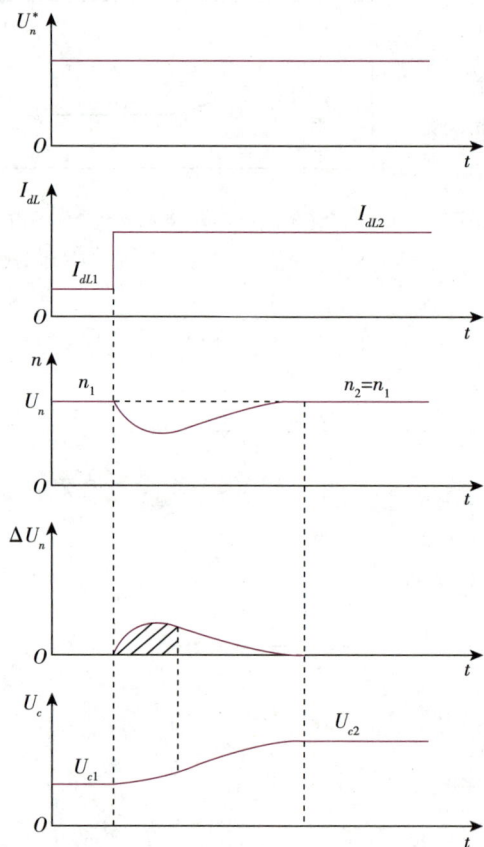

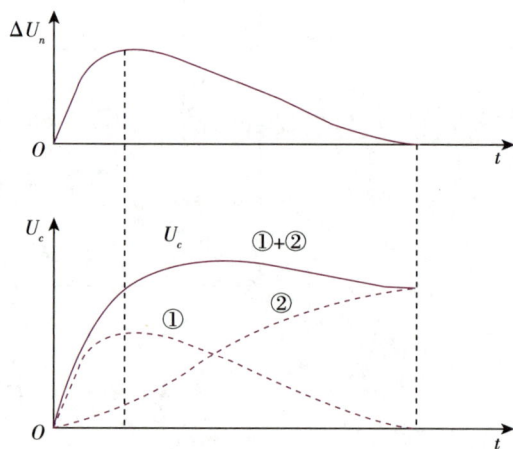

图 7-15　积分控制无静差调速系统突加负载时的动态过程　　图 7-16　闭环系统中 PI 调节器的输入和输出动态过程

可见，U_c 既具有快速响应性能，又足以消除调速系统的静差。除此之外，比例积分调节器还是提高系统稳定性的校正装置，因此，它在调速系统和其他控制系统中获得了广泛的应用。

第四节　转速闭环控制直流调速系统的仿真

计算机数字仿真作为调速系统研究和开发的重要辅助手段得到了广泛的应用，数字仿真常利用 MATLAB 等软件进行。下面以比例积分控制的无静差直流调速系统为例，学习利用 MATLAB/Simulink 软件构建系统仿真平台的方法。

一、仿真平台

构建调速系统的仿真平台的基本思路是得到系统各环节的传递函数，在 MATLAB/Simulink 中利用相关模块或者组合加以实现，对于电力电子变换器主电路或者电动机也可直接利用 Simulink 中的 Power-system 工具包中的封装模块来实现。图 7 – 17 为参考图 7 – 12 搭建的转速闭环调速系统仿真平台，其中转速调节器采用 PI 调节器，电动机采用 PWM 变换器供电。按照功能把仿真平台分为转速给定、ASR 调节器、PWM 模块、H 桥、电动机五个部分。

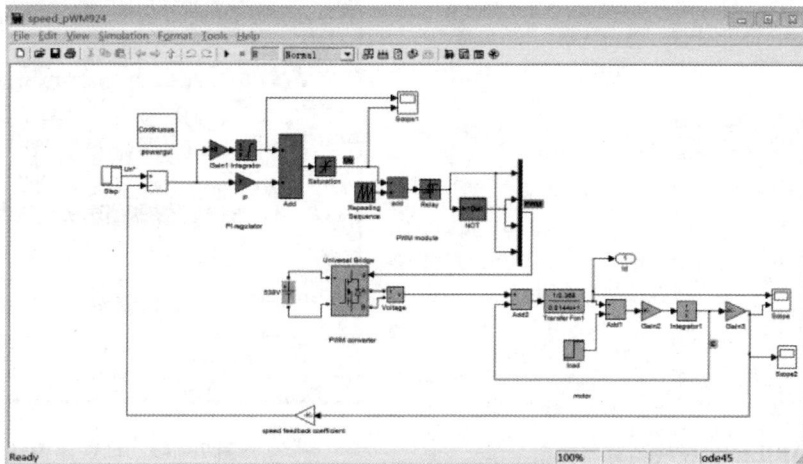

图 7 – 17　比例积分控制的直流调速系统的仿真框图

转速单闭环调速系统各环节参数如下。

直流电动机：型号为 Z4 – 132 – 1，额定电压 400V，额定电流 52.2A，额定转速为 2610r/min，反电动势系数 = 0.1459V · min/r，允许过载倍数 $\lambda = 1.5$；PWM 变换器开关频率 8kHz，放大系数 538/5 = 107.5；电枢回路总电阻 $R = 0.368\Omega$；时间常数：电枢回路电磁时间常数 $T_l = 0.0144s$，电力拖动系统机电时间常数 $T_m = 0.18s$；转速反馈系数 $\alpha = 0.00383V \cdot min/r (\approx 10V/n_N)$；对应额定转速时的给定压 $U_n^* = 10V$。

二、仿真模型的建立

进入 MATLAB，单击 MATLAB 命令窗口工具栏中的 SIMULINK 图标，或直接键入 SIMULINK 命令，打开 SIMULINK 模块浏览器窗口，如图 7 – 18 所示。

1. 打开模型编辑窗口　通过单击 SIMULINK 工具栏中新模型的图标或选择 File→New→Model 菜单项实现。

2. 复制相关模块　双击所需子模块库图标就可打开它，以鼠标左键选中所需的子模块，拖入模型编辑窗口。

在本例中拖入模型编辑窗口的为：把 Source 组中的 Step 模块拖入模型编辑窗口；把 Math Operations 组中的 Sum 模块和 Gain 模块分别拖入模型编辑窗口；把 Continuous 组中的 Transfer Fcn 模块和 Integrator 模块拖入模型编辑窗口；把 Sinks 组中的 Scope 模块拖入模型编辑窗口；把 discontinuous 组中的 relay 模块和 saturation 模块拖入编辑窗口；把 source 组中的 repeating sequence 模块拖入编辑窗口；把 Logic and bit Operations 中的 Logical Operator 模块拖入编辑窗口；把 simulinkPowersystem 模块库中 universal bridge 拖入编辑窗口。

3. 修改模块参数 双击模块图案，则出现关于该图案的对话框，通过修改对话框内容来设定模块的参数。

在本例中，双击加法器模块 add，打开如图 7-19 对话框，在 List of signs 栏目描述加或者减输入信号；这里是三角波减控制电压，所以在这一栏输入 "-+"。

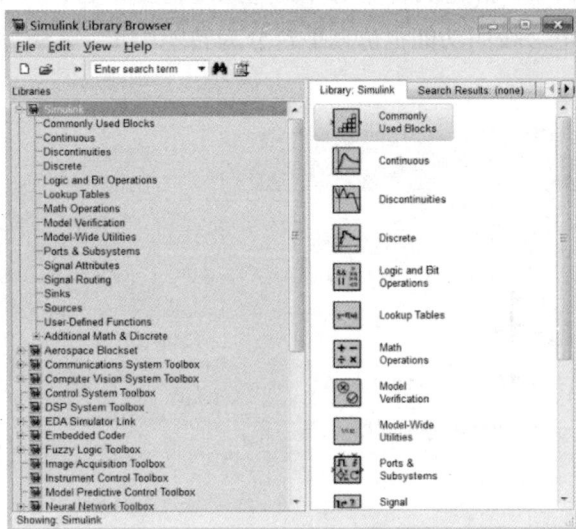

图 7-18　SIMULINK 模块浏览器窗口

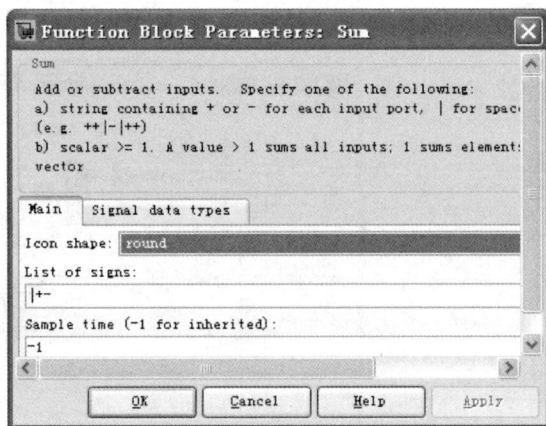

图 7-19　加法器模块对话框

描述加法器三路输入的符号，"|" 表示该路没有信号，用 "|+-" 取代原来的符号。得到减法器。

双击 Transfer Fcn 模块，打开如图 7-20 所示的对话框，只需在其分子 Numerator 和分母 Denominator 栏目分别填写系统的分子多项式和分母多项式系数，0.0144s+1 是用向量 [0.0144 1] 来表示的。

双击阶跃输入模块，则将打开如图 7-21 所示的对话框，可以把阶跃时刻（step time）参数从默认的 1 改到 0。在本例中，额定转速的给定值是 10V，可以把阶跃值（Final value）从默认的 1 改到 10。

双击 Gain 模块，打开如图 7-22 所示的对话框，在 Gain 栏目中填写所需要的放大系数。

双击 Integrator 模块，打开如图 7-23 所示的对话框，选择 Limit output 框，在 Upper saturation limit 和 Lower saturation limit 栏目中填写本例的 5 和 -5。

双击 repeating sequence 模块，打开如图 7-24 所示的对话框，为了得到周期为 8kHz 的锯齿波，把 Time value 设置为 [0 0.125e-3]，把 outputvalues 设置为 [-5 5]。

双击示波器模块，打开示波器波形显示窗口，单击窗口第二个按钮 parameters 打开如图 7-25 所示的对话框，设置坐标轴数为 2，单击 history 按钮，取消对数据点的限制。

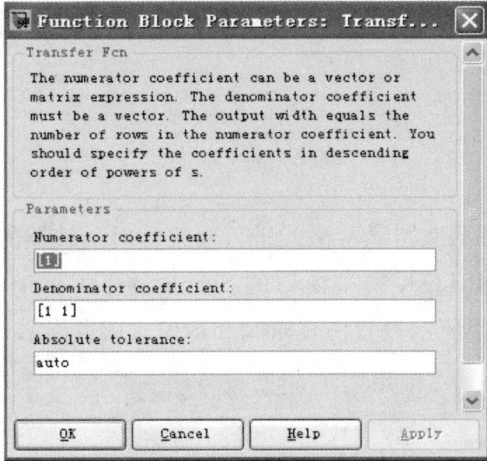

图 7 - 20　传递函数模块对话框

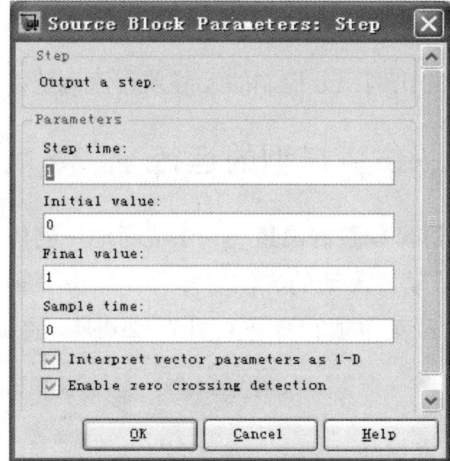

图 7 - 21　阶跃输入模块对话框

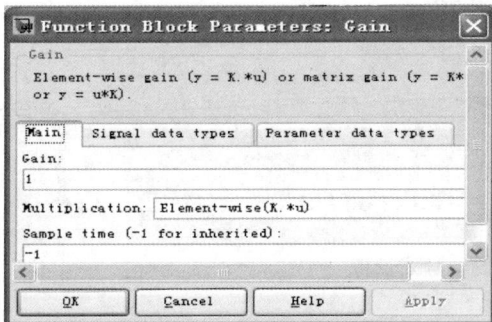

图 7 - 22　增益模块对话框

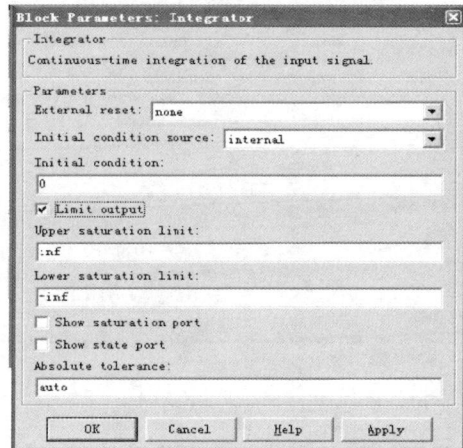

图 7 - 23　Integrator 模块对话框

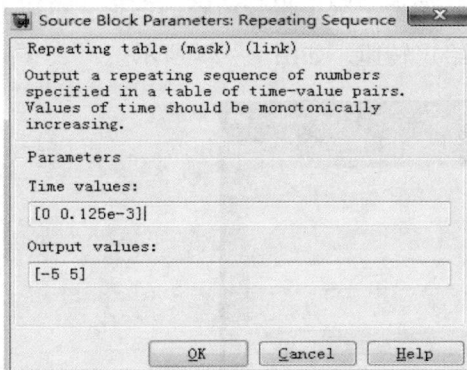

图 7 - 24　repeating sequence 模块对话框

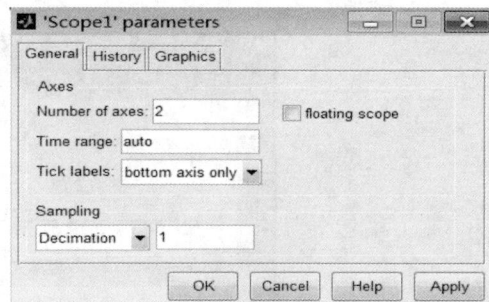

图 7 - 25　Scope 模块参数设置对话框

4. 模块连接　以鼠标左键点击起点模块输出端，拖动鼠标至终点模块输入端处，则在两模块间产生 "→" 线。单击某模块，选取 Format→Rotate Block 菜单项可使模块旋转90°；选取 Format→Flip Block 菜单项可使模块翻转。需要绘制分支线时，把鼠标移到期望的分支线的起点处，按下鼠标的右键，看到光标变为十字后，拖动鼠标直至分支线的终点处，释放鼠标按钮，就完成了分支线的绘制。

把相应的数据送入模型编辑窗口，其中 PI 调节器的参数值暂定为，$K_p = 7$，$\dfrac{1}{\tau} = \dfrac{10}{7}$，最终生成图 7 – 17 所示的比例积分控制的无静差直流调速系统的仿真模型。

三、仿真模型的运行

1. 仿真参数的设置　为了清晰地观测仿真结果，需要对示波器显示格式进行修改，对示波器的默认值逐一改动。改动的方法有多种，其中一种方法是选中 SIMULINK 模型窗口的 Simulation→Configuration Parameters 菜单项，打开如图 7 – 26 所示的对话框，按照图中所示设置仿真时间和数值求解器参数。

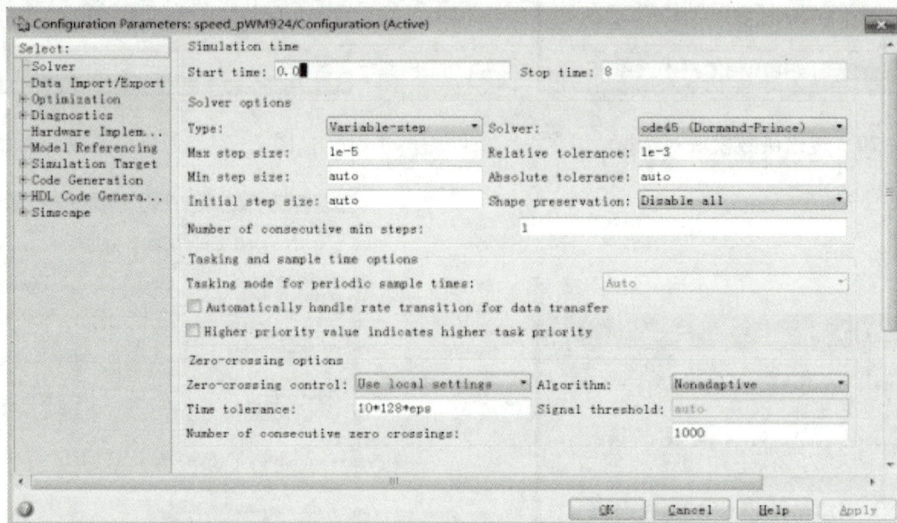

图 7 – 26　SIMULINK 仿真控制参数对话框

2. 仿真过程的启动　单击启动仿真工具条的按钮▲或选 Simulation→Start 菜单项，则可起动仿真过程，再双击示波器模块就可以显示仿真结果。再一次起动仿真过程，然后启动 Scope 工具条中的"自动刻度"按钮。把当前窗中信号的最大值、最小值设置为纵坐标的上下限，得到清晰的图形。可以看到收到转速指令后，电流快速增加，转速上升，最后转速稳定在给定转速，如图 7 – 27 所示。

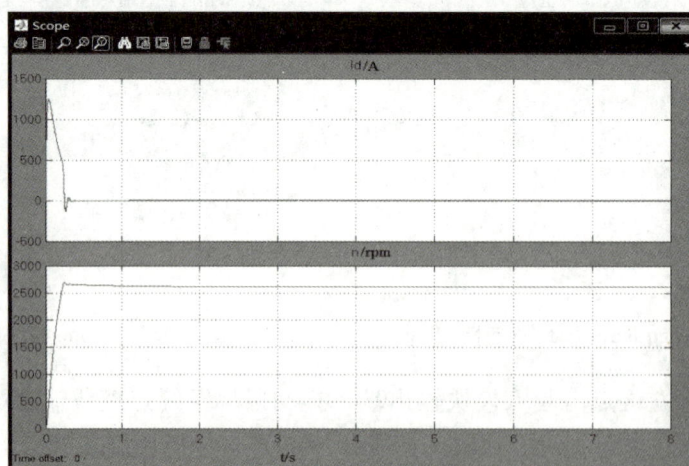

图 7 – 27　仿真结果

我国直流调速系统在医疗器械领域的成就

1. 技术创新　国内企业和科研机构不断进行技术创新，提高直流调速系统的性能和可靠性。例如，采用先进的控制算法、优化的电路设计和高质量的电子元件，以实现更精确的调速控制、更低的噪音和更高的效率。

2. 产品研发　中国的医疗器械制造商积极开展直流调速系统的研发工作，推出了一系列适用于不同医疗器械的直流调速产品。这些产品在性能、功能和可靠性方面不断提升，满足了医疗器械行业对调速系统的严格要求。

3. 应用拓展　直流调速系统在医疗器械中的应用不断拓展。除了常见的手术器械、医疗设备的驱动控制外，还在康复设备、诊断设备等领域得到广泛应用，为医疗器械的智能化和精准化发展提供了支持。

4. 产业发展　中国的医疗器械产业近年来发展迅速，直流调速系统作为关键部件之一，也得到了相应的发展。国内形成了一批专业的直流调速系统生产企业，产业规模逐渐扩大，市场竞争力不断增强。

5. 国际合作　中国的医疗器械企业与国际知名企业开展合作，共同推动直流调速系统在医疗器械领域的发展。通过技术交流和合作，中国企业能够吸收国际先进经验，提升自身技术水平，并将产品推向国际市场。

随着科技的不断进步和医疗器械行业的发展，中国在直流调速系统领域将继续取得新的成就，为医疗器械的创新和发展做出更大贡献。

第五节　转速、电流双闭环控制的直流调速系统

对于经常正、反转运行的调速系统，缩短起、制动过程的时间是提高生产率的重要因素。根据电力拖动运动方程 $T_e - T_L = \dfrac{GD^2}{375}\dfrac{dn}{dt}$，要得到好的动态性能，必须控制好转矩，即控制好电流。

因此，理想状况下，在起动（或制动）过渡过程中，希望始终保持电流（电磁转矩）为允许的最大值，使调速系统以最大的加（减）速度运行。当到达稳态转速时，最好使电流立即降下来，使电磁转矩与负载转矩相平衡，从而迅速转入稳态运行。这类理想的起动（制动）过程如图 7-28 所示。

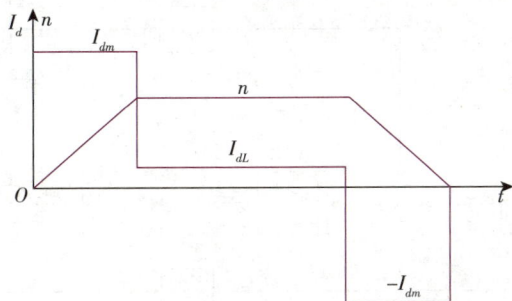

图 7-28　时间最优的理想过渡过程

转速单闭环系统不能控制电流（或转矩）的动态过程。即使引入电流截止负反馈环节也只是用来限制电流的冲击，并不能很好地控制电流的动态波形。为了实现在允许条件下的最快起动，关键是要获得一段使电流保持为最大值 I_{dm} 的恒流过程。按照反馈控制规律，采用某个物理量的负反馈就可以保持该量基本不变，那么，采用电流负反馈应该能够得到近似的恒流过程。为了得到这种既存在转速和电流两种负反馈，还能使它们在不同的阶段里采用不同配合方式起作用，就需要在系统中设置两个调节器，分别引入转速负反馈和电流负反馈以调节转速和电流。

把转速调节器的输出当作电流调节器的输入，再用电流调节器的输出去控制电力电子变换器 UPE。从闭环结构上看，电流环在里面，称作内环；转速环在外边，称作外环。形成了转速、电流反馈控制直流调速系统（简称双闭环系统）。为了获得良好的动、静态性能，转速和电流两个调节器一般都采用 PI 调节器，这样构成的双闭环直流调速系统的原理图如图 7 – 29 所示。

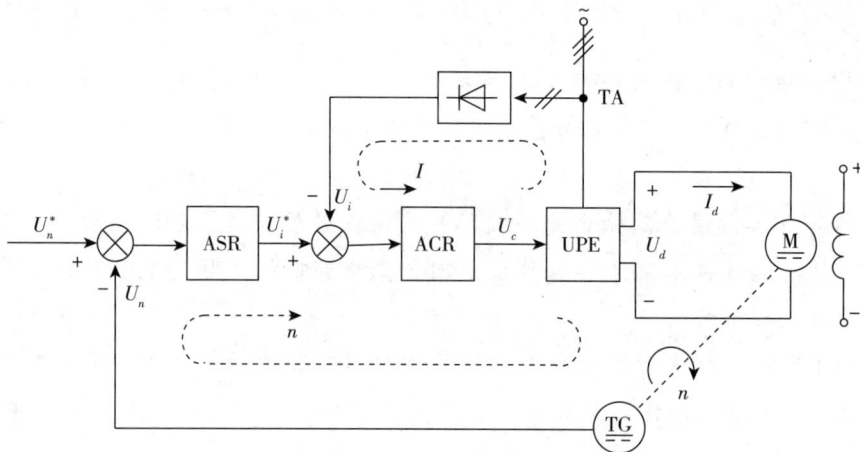

图 7 – 29　转速、电流双闭环直流调速系统原理图

一、双闭环直流调速系统的稳态结构图和静特性

根据系统原理图可以很方便地画出它的稳态结构图，如图 7 – 30 所示。注意到两个调节器都采用带限幅作用的 PI 调节器。转速调节器 ASR 的输出限幅电压决定了电流给定的最大值，电流调节器 ACR 的输出限幅电压限制了电力电子变换器的最大输出电压。饱和的调节器暂时隔断了输入和输出之间的联系，相当于使该环节开环。当调节器不饱和时，PI 调节器工作在线性调节状态，其作用是使输入偏差电压 ΔU 在稳态时为零。

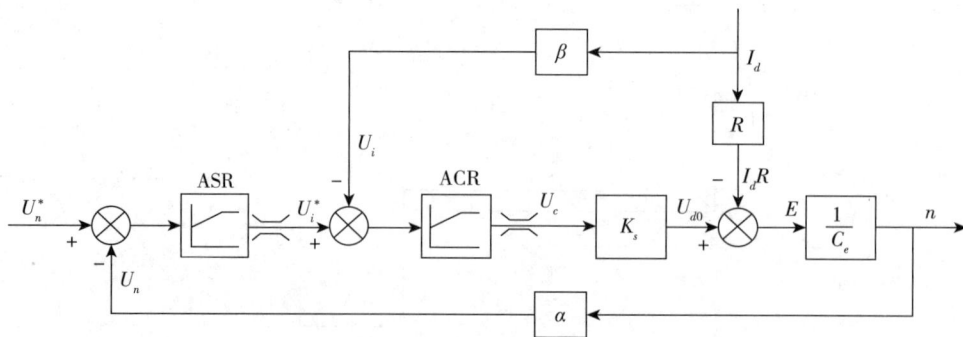

图 7 – 30　双闭环直流调速系统的稳态结构框图

α. 转速反馈系数；β. 电流反馈系数

对于静特性来说，只有转速调节器饱和与不饱和两种情况，设计合理的电流调节器不进入饱和状态。

1. 转速调节器不饱和　这时，两个调节器都不饱和，稳态时，它们的输入偏差电压都是零，即转速、电流均无静差。因此

$$U_n^* = U_n = an = an_0$$

$$U_i^* = U_i = \beta I_d$$

由第一个关系式可得

$$n = \frac{U_n^*}{\alpha} = n_0 \qquad\qquad (7-25)$$

从而得到图 7-31 所示静特性的 AB 段。

与此同时，由于 ASR 不饱和，$U_i^* < U_{im}^*$，从上述第二个关系式可知：$I_d < I_{dm}$。也就是说，AB 段静特性从理想空载状态的 $I_d = 0$ 一直延续到 $I_d = I_{dm}$，而 I_{dm} 一定是大于 I_{dl} 的。这就是静特性的运行段，它是水平的特性。

2. 转速调节器饱和　ASR 输出达到限幅值 U_{im}^* 时，转速外环呈开环状态，转速的变化对转速环不再产生影响。双闭环系统变成一个电流无静差的单电流闭环调节系统。稳态时

图 7-31　双闭环直流调速系统的静特性

$$I_d = \frac{U_{im}}{\beta} = I_{dm} \qquad\qquad (7-26)$$

转速调节器 ASR 输出限幅电压 U_{im}^* 取决于最大电流 I_{dm}。

双闭环直流调速系统的静特性在负载电流小于 I_{dm} 时表现为转速无静差，转速负反馈起主要调节作用。当负载电流达到 I_{dm} 时，转速调节器为饱和输出 U_{im}^*，电流调节器起主要调节作用，系统表现为电流无静差。这就是采用两个 PI 调节器形成了内、外两个闭环的效果。

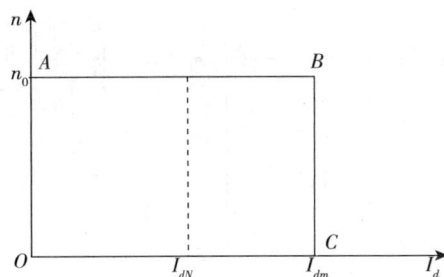

二、各变量的稳态工作点和稳态参数计算

双闭环调速系统在稳态工作中，当两个调节器都不饱和时，各变量之间有下列关系

$$U_n^* = U_n = an = an_0 \qquad\qquad (7-27)$$

$$U_i^* = U_i = \beta I_d = \beta I_{dL} \qquad\qquad (7-28)$$

$$U_c = \frac{U_{d0}}{K_s} = \frac{C_e n + I_d R}{K_s} = \frac{C_e U_n^* / \alpha + I_{dL} R}{K_s} \qquad\qquad (7-29)$$

以上关系式表明，在稳态工作点上，转速 n 是由给定电压 U_n^* 决定的，ASR 的输出量 U_i^* 由负载电流 I_{dL} 决定的，而 ACR 的输出量控制电压 U_c 的大小同时取决于 n 和 I_d。

鉴于这一点，双闭环调速系统的稳态参数计算与单闭环有静差系统完全不同，而是和单闭环无静差系统的稳态参数计算相似，即根据各调节器的给定与反馈值计算有关的反馈系数：

$$转速反馈系数\ \alpha = \frac{U_{nm}^*}{n_{max}} \qquad\qquad (7-30)$$

$$电流反馈系数\ \beta = \frac{U_{im}^*}{I_{dm}} \qquad\qquad (7-31)$$

两个给定电压的最大值 U_{nm}^* 和 U_{im}^* 由设计者选定。

第六节　转速、电流双闭环控制的直流调速系统的数学模型与动态过程分析

在图 7-12 所示的单闭环直流调速系统动态数学模型的基础上，考虑双闭环控制的结构，可以绘出双闭环直流调速系统的动态结构图，如图 7-32 所示。图中 $W_{ASR}(s)$ 和 $W_{ACR}(s)$ 分别表示转速调节器和电流调节器的传递函数。

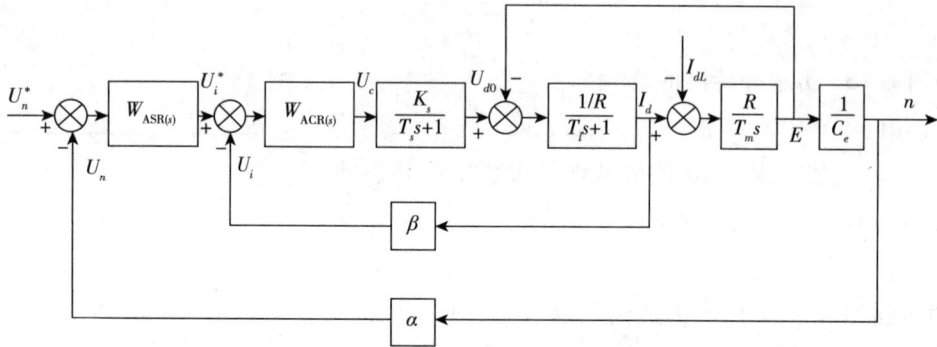

图 7-32　双闭环直流调速系统的动态结构图

一、双闭环直流调速系统的数学模型与动态过程分析

1. 起动过程分析　对调速系统而言，被控制的对象是转速。跟随性能可以用阶跃给定下的动态响应描述。能否实现所期望的恒加速过程，最终以时间最优的形式达到所要求的性能指标，是设置双闭环控制的一个重要的追求目标。图 7-33 是双闭环直流调速系统在带有反抗性负载条件下起动过程的电流波形和转速波形。

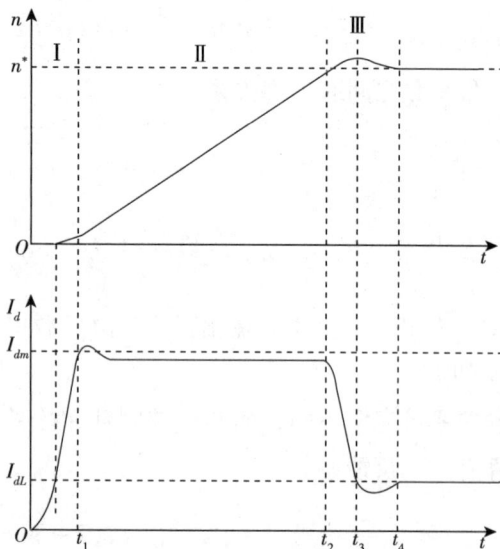

图 7-33　双闭环直流调速系统起动
过程的转速和电流波形

从 $I_d(t)$ 的变化过程可以看到，电流 I_d 从零增长到 I_{dm}，然后在一段时间内维持其值等于 I_{dm} 不变，以后又下降并经调节后到达稳态值 I_{dL}。转速 $n(t)$ 波形先是缓慢升速，然后以恒加速上升，产生超调后，到达给定值 n^*。根据电流与转速变化过程所反映出的特点，可以把起动过程分为电流上升、恒流升速和转速调节三个阶段，转速调节器在此三个阶段中经历了不饱和、饱和以及退饱和三种情况。

双闭环直流调速系统的起动有以下三个特点：①饱和非线性控制；②转速超调；③准时间最优控制。

2. 动态抗扰性能分析　调速系统最主要的抗扰性能是指抗负载扰动和抗电网电压扰动性能，闭环系统的抗扰能力与其作用点的位置有关。双闭环系统与单闭环系统的差别在于多了一个电流反馈环和电流调节器。

（1）抗负载扰动　负载扰动作用在电流环之后，只能靠转速调节器 ASR 来产生抗负载扰动的作用。在设计 ASR 时，

要求有较好的抗扰性能指标。

（2）抗电网电压扰动　在双闭环系统中，由于增设了电流内环，电压波动可以通过电流反馈得到比较及时的调节，不必等它影响转速以后才反馈回来改善系统性能，使抗扰性能得到改善。在双闭环系统中，由电网电压波动引起的转速变化会比单闭环系统小得多。

二、转速、电流调节器在双闭环直流调速系统中的作用

综上所述，转速调节器和电流调节器在双闭环直流调速系统中的作用可以分别归纳如下。

1. 转速调节器的作用

（1）作为调速系统的主导调节器，能使转速很快地跟随给定电压变化，如果采用 PI 调节器，则可实现无静差。

（2）对负载变化起抗扰作用。

（2）其输出限幅值决定电动机允许的最大电流。

2. 电流调节器的作用

（1）作为内环的调节器，在转速外环的调节过程中，能使电流紧紧跟随其给定电压（即外环调节器的输出量）变化。

（2）对电网电压的波动起及时抗扰的作用。

（3）在转速动态过程中，保证获得电机允许的最大电流，从而加快动态过程。

（4）当电动机过载甚至堵转时，限制电枢电流的最大值，起快速的自动保护作用。一旦故障消失，系统立即自动恢复正常。

第七节　转速、电流双闭环控制的直流调速系统的设计

在控制系统中设置调节器是为了改善系统的静、动态性能。控制系统的动态性能指标包括对给定输入信号的跟随性能指标和对扰动输入信号的抗扰性能指标。以输出量的初始值为零，给定信号阶跃变化下的过渡过程作为典型的跟随过程，此跟随过程的输出量动态响应称作阶跃响应。常用的阶跃响应跟随性能指标有上升时间、超调量和调节时间。在调速系统中主要扰动来源于负载扰动和电网电压波动。当调速系统在稳定运行中，突加一个使输出量降低（或上升）的扰动量 F 之后，输出量由降低（或上升）到恢复到稳态值的过渡过程就是一个抗扰过程。常用的抗扰性能指标为动态降落和恢复时间。

一、调节器的工程设计方法

在现代的数字化电力拖动自动控制系统中，除电动机外，都是由惯性很小的电力电子器件、集成数字电路等组成的。经过合理的简化处理，整个系统可以简化成低阶系统，这样调节器的设计就容易得多。

在设计时，把实际系统校正或简化成典型系统，可以利用现成的公式和图表来进行参数计算，设计过程简便得多。

调节器工程设计方法所遵循的原则：①概念清楚、易懂；②计算公式简明、好记；③不仅给出参数计算的公式，而且指明参数调整的方向；④能考虑饱和非线性控制的情况，同样给出简单的计算公式；⑤适用于各种可以简化成典型系统的反馈控制系统。

为了使问题简化，突出主要矛盾，可以把调节器的设计过程分作两步：第一步，先选择调节器的结构，以确保系统稳定，同时满足所需的稳态精度。第二步，选择调节器的参数，以满足动态性能指标的要求。

一般来说，许多控制系统的开环传递函数都可以写成：

$$W(s) = \frac{K \prod\limits_{i=1}^{m} (\tau_i s + 1)}{s^r \prod\limits_{j=1}^{n} (T_j s + 1)} \qquad (7-32)$$

式中，分母中的 s^r 项表示该系统在 $s=0$ 处有 r 重极点，或者说，系统含有 r 个积分环节，称作 r 型系统。

为了使系统对阶跃给定无稳态误差，不能使用 0 型系统（$r=0$），至少是 I 型系统（$r=1$）；当给定是斜坡输入时，则要求是 II 型系统（$r=2$）才能实现稳态无差。选择调节器的结构，使系统能满足所需的稳态精度。由于 III 型（$r=3$）和 III 型以上的系统很难稳定，而 0 型系统的稳态精度低。因此，常把 I 型和 II 型系统作为系统设计的目标。

1. 典型 I 型系统   作为典型的 I 型系统，其开环传递函数选择为：

$$W(s) = \frac{K}{s(Ts+1)} \qquad (7-33)$$

式中，T 为系统的惯性时间常数；K 为系统的开环增益。

典型 I 型系统的闭环系统结构如图 7 - 34（a）所示，而 7 - 34（b）表示它的开环对数频率特性。对数幅频特性的中频段以 -20dB/dec 的斜率穿越零分贝线，只要参数的选择能保证足够的中频带宽度，系统就一定是稳定的。

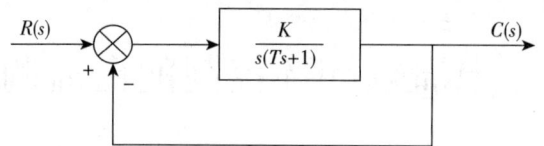

(a)闭环系统结构图

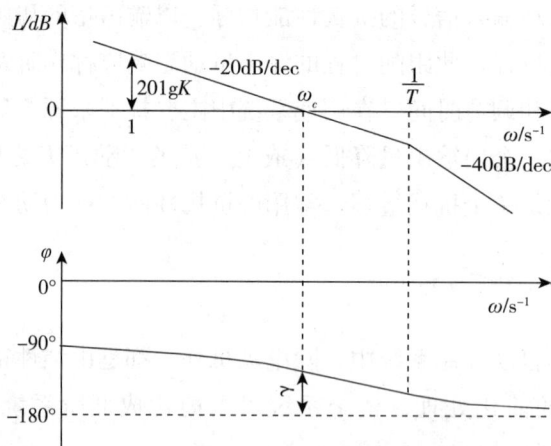

(b)开环对数频率特性

图 7 - 34   典型 I 型系统

该系统只包含开环增益 K 和时间常数 T 两个参数，时间常数 T 往往是控制对象本身固有的，唯一可变的只有开环增益 K。设计时，需要按照性能指标选择参数 K 的大小。

2. 典型 Ⅱ 型系统　其开环传递函数表示为

$$W(s) = \frac{K(\tau s + 1)}{s^2(Ts + 1)} \qquad (7-34)$$

惯性环节往往是系统中必定有的，时间常数 T 是控制对象固有的，分子上的比例微分环节用以保证系统稳定，因而待定的参数有两个：K 和 τ。

定义中频宽：
$$h = \frac{\tau}{T} = \frac{\omega^2}{\omega^1} \qquad (7-35)$$

中频宽表示了斜率为 20dB/sec 的中频的宽度，是一个与性能指标紧密相关的参数。典型 Ⅱ 型系统的闭环系统结构图如图 7-35（a）所示，而 7-35（b）表示它的开环对数频率特性。

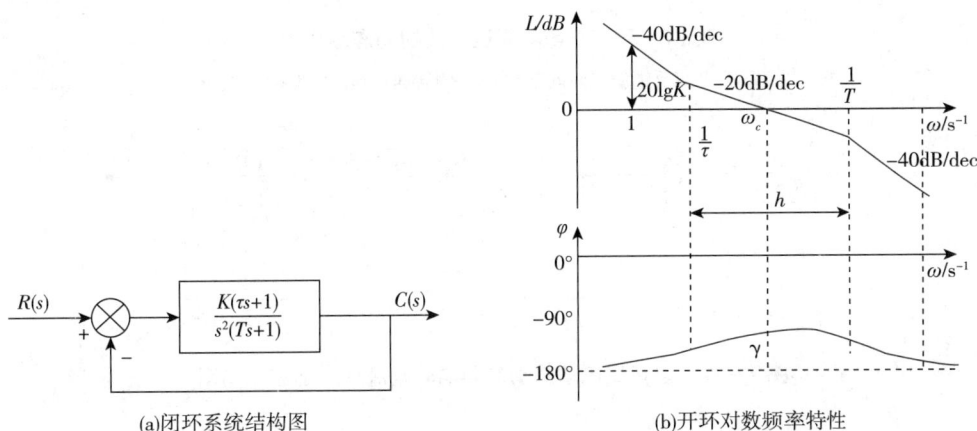

(a)闭环系统结构图　　　　(b)开环对数频率特性

图 7-35　典型 Ⅱ 型系统

改变 K 相当于使开环对数幅频特性上下平移，此特性与闭环系统的快速性有关。系统相角稳定裕度为 $\gamma = \arctan\omega_c\tau - \arctan\omega_c T$，$\tau$ 比 T 大得越多，系统的稳定裕度就越大。

二、按工程设计方法设计双闭环直流调速系统的调节器

按工程设计方法设计转速、电流双闭环控制直流调速系统的原则是"先内环后外环"。设计步骤：先从电流环（内环）开始，工程简化，根据电流环的控制要求确定把它校正成哪一类典型系统，再按照控制对象确定电流调节器的类型，按动态性能指标要求确定电流调节器的参数。电流环设计完成后，把电流环等效成转速环（外环）中的一个环节，再用同样的方法设计转速环。

增加滤波环节后的双闭环调速系统的实际动态结构绘于图 7-36。

1. 电流调节器的设计　图 7-36 点画线框内是电流环的动态结构图，其中反电动势与电流反馈的作用相互交叉，相对电流变化，是一种变化缓慢的扰动。在按动态性能设计电流环时，可以暂不考虑反电动势变化的动态影响，即 $\Delta E \approx 0$。也就是说，可以暂且把反电动势的作用去掉，得到忽略电动势影响的电流环近似结构图，如图 7-37 所示。

把给定滤波和反馈滤波同时等效地移到环内前向通道上，再把给定信号改成 $\dfrac{u_i^*(s)}{\beta}$，则电流环便等效成单位负反馈系统。如图 7-38 所示。

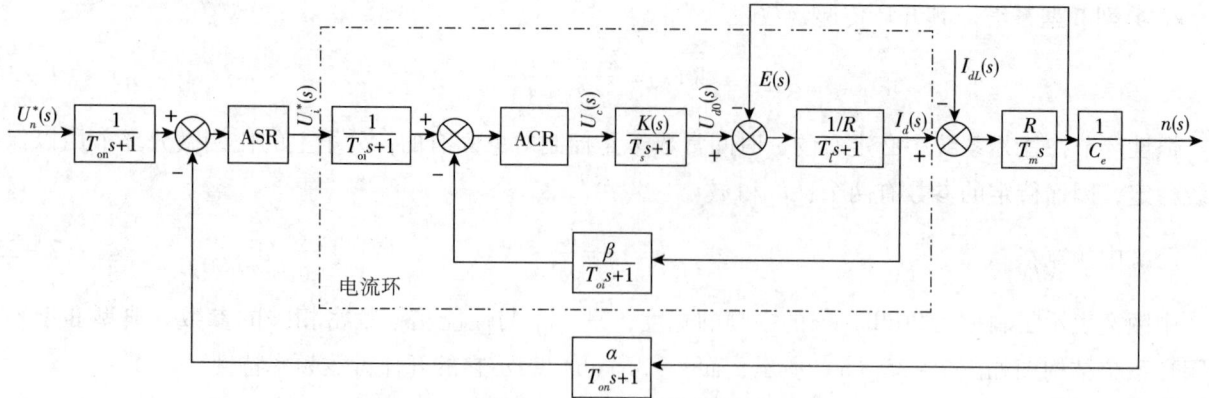

图 7 – 36   双闭环调速系统的动态结构图

T_{oi} 为电流反馈滤波时间常数；T_{on} 为转速反馈滤波时间常数

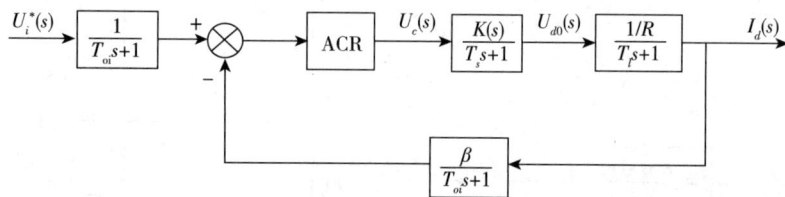

图 7 – 37   忽略反电动势动态影响的电流环的动态结构图

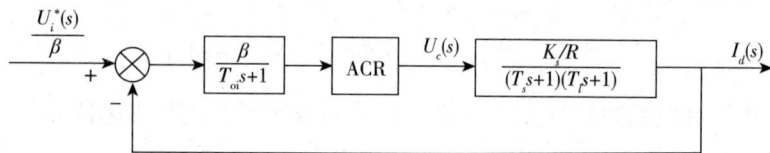

图 7 – 38   等效成单位负反馈系统电流环的动态结构图

T_s 和 T_{0i} 一般都比 T_l 小得多，可以近似为一个惯性环节，其时间常数为 $T_{\sum i} = T_s + T_{oi}$ ，则电流环结构图最终化简为图 7 – 39。

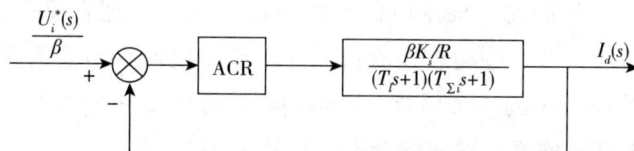

图 7 – 39   小惯性环节近似处理后电流环的动态结构图

（1）按照典型 I 型系统设计电流调节器   如图 7 – 39 所示，电流环的控制对象是两个时间常数大小相差较大的双惯性型的控制对象，要校正成典型 I 型系统，应采用 PI 型的电流调节器，其传递函数可以写成：

$$W_{ACR}(s) = \frac{K_i(\tau_i s + 1)}{\tau_i s} \tag{7 – 36}$$

式中，K_i 为电流调节器的比例系数；τ_i 为电流调节器的超前时间常数。

则电流环开环传递函数

$$W_{opi}(s) = \frac{K_i(\tau_i s + 1)}{\tau_i s} \frac{\beta K_s / R}{(T_i s + 1)(T_{\sum i} s + 1)} \tag{7 – 37}$$

因为 $T_l \gg T_{\sum i}$ ，选择 $\tau_i = T_l$ ，为提高快速性，用调节器零点消去控制对象中大时间常数极点，以便校正成 I 型系统，于是

$$W_{opi}(s) = \frac{K_i \beta K_s/R}{\tau_i s(T_{\sum i}s+1)} \frac{K_I}{s(T_{\sum i}s+1)} \qquad (7-38)$$

式中，$K_I = \dfrac{K_i \beta K_s}{\tau_i R} = \dfrac{K_i \beta K_s}{T_l R}$ 。

校正后电流环的动态结构图及开环对数幅频特性如图 7-40 所示。

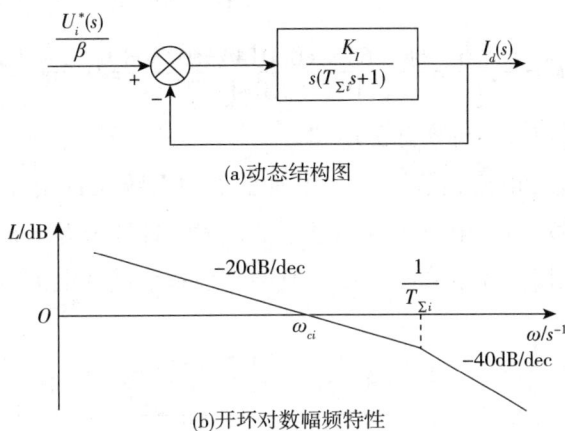

(a)动态结构图

(b)开环对数幅频特性

图 7-40 校正成典型 I 型系统的电流环

一般情况下，希望电流超调量 $\sigma_i \leq 5\%$ ，可选 $\xi = 0.707$，$K_I T_{\sum i} = 0.5$ ，则：

$$K_I = \omega_{ci} = \frac{1}{2T_{\sum i}} \qquad (7-39)$$

再根据 $K_I = \dfrac{K_i \beta K_s}{\tau_i R} = \dfrac{K_i \beta K_s}{T_l R}$ ，得到：

$$K_i = \frac{T_l R}{2K_s \beta T_{\sum i}} = \frac{L}{2K_s \beta T_{\sum i}} \qquad (7-40)$$

如果实际系统要求的跟随性能指标不同，式（7-39）、（7-40）当然应做相应的改变。此外，如果对电流环的抗扰性能也有具体的要求，还得再校验一下抗扰性能指标是否满足。

例 7-1 某 PWM 变换器供电的双闭环直流调速系统，开关频率为 8kHz，电机型号为 Z4-132-1。基本数据如下：直流电动机：400V，52.2A，2610r/min，$C_e = 0.1459$V·min/r，允许过载倍数 $\lambda = 1.5$；PWM 变换器放大系数 $K_s = 107.5$（这是按照理想情况计算的电压放大系数。三相整流输出的最大直流电压为 538V，最大控制电压为 5V，因此 538/5 =107.5）；电枢回路总电阻 $R = 0.368\Omega$；时间常数 $T_i = 0.0144$s，$T_m = 0.18$s；电流反馈系数 $\beta = 0.1277$V/A（≈ 10V/$1.5I_N$）。

设计要求：按照典型 I 型系统设计电流调节器，要求电流超调量 $\sigma_i \leq 5\%$ 。

解：第一步，确定时间常数。

PWM 变换器滞后时间常数 T_s：$T_s = 0.000125$s。

电流滤波时间常数 T_{oi}：为滤除 PWM 纹波应有 $\dfrac{1}{T_{oi}} = \left(\dfrac{1}{5} \sim \dfrac{1}{10}\right)\dfrac{1}{T_{PWM}}$，取 $T_{oi} = 0.0006$s。

电流环小时间常数之和 $T_{\sum i}$，按小时间常数近似处理，取 $T_{\sum i} = T_s + T_{oi} = 0.000725$s。

第二步，选择电流调节器结构。根据设计要求 $\sigma_i \leq 5\%$ ，并保证稳态电流无差，按典型 I 型系统设

计电流调节器。用 PI 型电流调节器。检查对电源电压的抗扰性能：

$$\frac{T_l}{T_{\sum i}}=\frac{0.0144}{0.000728}=19.86$$

各项指标都是可以接受的。

第三步，计算电流调节器参数。

电流调节器超前时间常数：$\tau_i=T_l=0.0144\mathrm{s}$。

电流环开环增益：取 $K_I T_{\sum i}=0.5$，因此 $K_I=\dfrac{0.5}{T_{\sum i}}=\dfrac{0.5}{0.000725}=689.655s^{-1}$

于是 ACR 的比例系数为 $K_i=\dfrac{K_I \tau_i R}{K_s R}=\dfrac{689.655\times0.0144\times0.368}{107.5\times0.1277}=0.266$

此后可进行校验近似条件以及设计实际的电路。

（2）按照典型Ⅱ型系统设计电流调节器　按照典型Ⅰ型系统设计电流调节器的前提：超前环节恰好对消掉控制对象中的大惯性环节，电机参数测量不准，大惯性环节并未被准确对消，会影响电流环的动态性能。可以把电流环中大惯性环节降阶，按照典型Ⅱ型系统设计电流调节器，如图 7-41 所示。

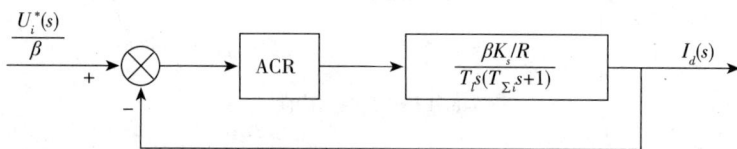

(a)大惯性环节近似成积分环节

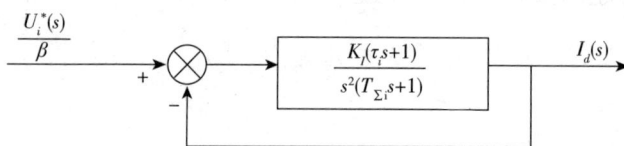

(b)电流环校正成典型Ⅱ型系统

图 7-41　电流环动态结构图

按照典型Ⅱ型系统设计电流调节器，按照典型Ⅱ型系统的参数关系式有：

$$\tau_i=hT_{\sum i} \tag{7-41}$$

$$K_I=\frac{h+1}{2h^2 T_{\sum i}^2} \tag{7-42}$$

$$K_i=\frac{h+1}{2h}\frac{RT_l}{K_s\beta T_{\sum i}} \tag{7-43}$$

为了解决超调量大的问题，可在电流给定之后加入低通滤波。

按照典型Ⅱ系统设计电流调节器，把双惯性环节的电流环控制对象近似地等效成只有较小时间常数的一阶惯性环节，加快了电流的跟随作用，只是按照典型Ⅱ系统设计的电流环响应速度有所下降。

不论把电流环校正成典型Ⅰ型系统还是典型Ⅱ型系统，其动态响应速度均与 $T_{\sum i}$ 有关。所以要提高系统动态性能，必须尽量减小电流环各环节的延时时间。

例 7-2　电动机参数同例 7-1。设计要求，按照典型Ⅱ型系统设计电流调节器，要求电流超调量 $\sigma_i\leqslant5\%$。

解：第一步，确定时间常数。同例题 7-1。

第二步,选择电流调节器结构。

$T_l=0.0144$s,$T_{\sum i}=0.000725$s,满足$T_l>10T_{\sum i}$,故将电流环控制对象中大惯性环节进行降阶处理。为保证稳态电流无差,按典型 II 型系统设计电流调节器。因此可用 PI 型电流调节器,在输入部分加入低通滤波器,滤波时间常数为 4 倍,即为 0.0029s。

第三步,计算电流调节器参数。

电流调节器超前时间常数:$\tau_i=hT_{\sum i}=0.003625$s。于是 ACR 的比例系数为:

$$K_i=\frac{h+1}{2h}\frac{R}{K_s\beta}\frac{T_l}{T_{\sum i}}=\frac{5+1}{2*5}\frac{0.368}{107.5*0.1277}\frac{0.0144}{0.000728}=0.319$$

2. 转速调节器的设计 不论把电流环校正成典型 I 型系统还是典型 II 型系统,电流环都可以用等效的一阶惯性环节来代替,只是惯性时间常数不同。因此定义变量代表电流环惯性时间常数,用等效一阶惯性环节代替电流环后,整个转速控制系统的动态结构图如图 7 - 42 所示。

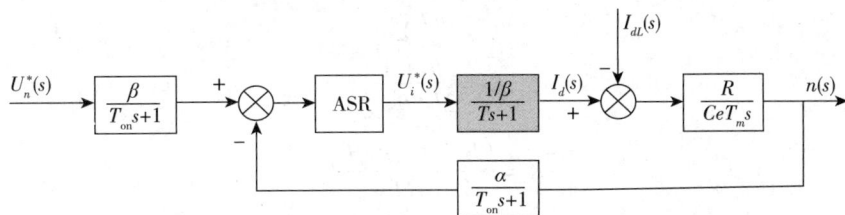

图 7 - 42 用等效环节代替电流环后双闭环调速系统的动态结构

和电流环中一样,把转速给定滤波和反馈滤波环节移到环内前向通道上,同时将给定信号改成$U_n^*(s)/\alpha$,再把时间常数为T和T_{on}的两个小惯性环节合并,近似为一个时间常数为$T_{\sum n}$的惯性环节,其中$T_{\sum n}=T+T_{on}$,则转速结构图可简化为图 7 - 43。

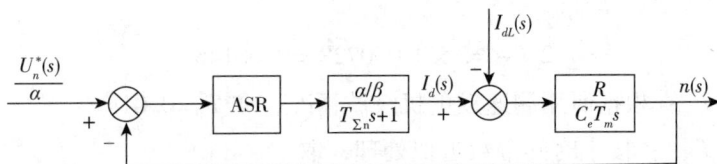

图 7 - 43 等效成单位负反馈系统和小惯性的近似处理

为了实现转速无静差,在负载扰动点之前必须含有一个积分环节,它应该包含在转速调节器 ASR 中(图 7 - 43)。由于在扰动作用点后面已经有一个积分环节,因此转速开环传递函数应有两个积分环节,应该设计成典型 II 型系统。ASR 也采用 PI 调节器,其传递函数为:

$$W_{ASR}(s)=\frac{K_n(\tau_n s+1)}{\tau_n s} \tag{7-44}$$

式中,K_n为转速调节器的比例系数;τ_n为转速调节器的超前时间常数。

这样,调速系统的开环传递函数为:

$$W_n(s)=\frac{K_n(\tau_n s+1)}{\tau_n s}\cdot\frac{\dfrac{\alpha R}{\beta}}{C_e T_m s(T_{\sum n}s+1)}=\frac{K_n\alpha R(\tau_n s+1)}{\tau_n\beta C_e T_m s^2(T_{\sum n}s+1)} \tag{7-45}$$

令转速环开环增益K_N为:

$$K_N=\frac{K_n\alpha R}{\tau_n\beta C_e T_m} \tag{7-46}$$

则

$$W_n(s) = \frac{K_N(\tau_n s + 1)}{s^2(T_{\sum n} s + 1)} \qquad (7-47)$$

不考虑负载扰动时，校正后的调速系统动态结构图如图 7-44 所示。

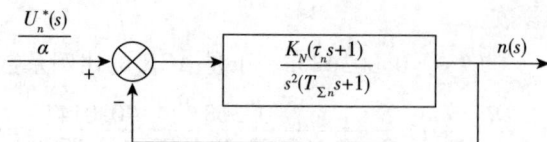

图 7-44   校正后成为典型 Ⅱ 型系统的动态结构图

转速调节器的参数包括 K_n 和 τ_n，按照典型 Ⅱ 型系统的参数关系式，应有

$$\tau_n = hT_{\sum n} \qquad (7-48)$$

$$K_N = \frac{h+1}{2h^2 T_{\sum n}^2} \qquad (7-49)$$

因此

$$K_n = \frac{(h+1)\beta C_e T_m}{2h\alpha R T_{\sum n}} \qquad (7-50)$$

至于中频宽 h 要看动态性能的要求决定，无特殊要求时，一般以选择 $h=5$ 为好。

例 7-3   在例题 7-1 中，除已给数据外，已知：转速反馈系数 $\alpha = 0.00383 \text{V} \cdot \text{min/r}(\approx 10 \text{V}/n_N)$，电流环按照典型 Ⅰ 型系统设计，$K_I T_{\sum i} = 0.5$，要求转速无静差，空载起动到额定转速时的转速超调量 $\sigma_n \leqslant 5\%$。试按工程设计方法设计转速调节器。

解：第一步，确定时间常数。按照典型 Ⅰ 型系统设计电流环时，已取 $K_I T_{\sum i} = 0.5$，因此电流环等效时间常数为：

$$2 T_{\sum i} = 2 \times 0.000728 = 0.00145 \text{s}$$

转速滤波时间常数 T_{on}：根据所用测速发电机纹波情况，取 $T_{on} = 0.01 \text{s}$。

转速环小时间常数 $T_{\sum n}$：按小时间常数近似处理，取

$$T_{\sum n} = 2 T_{\sum i} + T_{on} = (0.00145 + 0.01) = 0.01145 \text{s}$$

第二步，选择转速调节器结构。按照设计要求，选用 PI 调节器，其传递函数为：

$$W_{ASR}(s) = \frac{K_n(\tau_n s + 1)}{\tau_n s}$$

第三步，计算转速调节器参数。按跟随和抗扰性能都较好的原则，取 $h=5$，则 ASR 的超前时间常数为：

$$\tau_n = hT_{\sum n} = 5 \times 0.01145 = 0.05725$$

由 (7-49) 式可求得转速开环增益

$$K_N = \frac{h+1}{2h^2 T_{\sum n}^2} = \frac{6}{2 \times 5^2 \times 0.01145^2} s^{-2} = 915.3 s^{-2}$$

于是，由式 (7-50) 可求得 ASR 的比例系数为

$$K_n = \frac{(h+1)\beta C_e T_m}{2h\alpha R T_{\sum n}} = \frac{6 \times 0.1277 \times 0.1459 \times 0.18}{2 \times 5 \times 0.00383 \times 0.368 \times 0.01145} = 124.686$$

目标检测

答案解析

一、选择题

1. 带有比例调节器的单闭环直流调速系统，如果转速的反馈值与给定值相等，则调节器的输出为（　　）。

  A. 零   B. 大于零的定值   C. 小于零的定值   D. 保持原先的值不变

2. 无静差调速系统的 PI 调节器中 P 部分的作用是（　　）。

  A. 消除稳态误差   B. 不能消除稳态误差也不能加快动态响应

  C. 既消除稳态误差又加快动态响应 D. 加快动态响应

3. 转速电流双闭环调速系统中的两个调速器通常采用的控制方式是（　　）。

  A. PID   B. PI   C. P   D. PD

4. 静差率和机械特性的硬度有关，当理想空载转速一定时，特性越硬，则静差率（　　）。

  A. 越小   B. 越大   C. 不变   D. 不确定

5. 在电机调速控制系统中，系统无法抑制（　　）的扰动。

  A. 电网电压   B. 电机励磁电压变化

  C. 给定电源变化   D. 运算放大器参数变化

6. 双闭环调速系统在稳定运行时，控制电压 Uct 的大小取决于（　　）。

  A. Idl   B. n   C. n 和 Idl   D. α 和 β

二、简答计算题

1. 有一个 PWM 变换器供电的直流调速系统，已知：电动机 P_N=2.8kW，U_N=220V，I_N=15.6A，n_N=1500r/min，R_0=1.5Ω，整流装置内阻 R_{rec}=0.2Ω，PWM 变换器的放大倍数 K_s=31。

（1）系统开环工作时，试计算调速范围 D=100 时的静差率 s 值。

（2）当 D=100，s=5% 时，计算系统允许的稳态速降。

（3）如组成转速负反馈有静差调速系统，要求 D=100，s=5%，在 U_n^*=10V 时 I_d=I_N，n=n_N，计算转速负反馈系数 α 和放大器放大系数 K_p。

2. 在转速、电流双闭环调速系统中，电流过载倍数为 2，电动机拖动恒转矩负载在额定工作点正常运行，现因某种原因功率变换器供电电压上升 5%，系统工作情况将会如何变化？写出 U_i^*，U_c，U_{d0}，I_d 及 n 在系统重新进入稳定后的表达式。

书网融合……

本章小结

第八章　伺服系统

学习目标

1. **掌握**　伺服系统的基本要求、特征及构成；几种常用的位置传感器；在不同的给定和扰动作用下伺服系统的跟随能力。

2. **熟悉**　伺服系统控制对象的数学模型；电流闭环控制下交、直流伺服系统控制对象的统一模型。

3. **了解**　伺服系统的设计方法；伺服系统稳定运行的条件。

4. 学会根据伺服系统控制对象的数学模型设计伺服系统；能够采用合理的校正方式进行动态性能的调整。

⇒ 案例分析

实例　医疗器械中自动控制伺服系统具有以下优点：高精度、高稳定性、快速响应、可重复性好、灵活适应、低噪音、节能高效等。康复训练设备中的一些智能康复训练器械利用伺服系统来提供适宜的阻力和运动轨迹，帮助患者进行有效的康复训练。例如上肢康复机器人：通过伺服系统控制机械臂的运动轨迹和力度，帮助患者进行上肢的伸展、弯曲、旋转等训练。下肢康复机器人：可以精确控制患者下肢的步态训练，调整步幅、步速等参数。手部康复机器人：针对手部功能康复，利用伺服系统实现精细的抓握、伸展等动作训练。

问题　1. 康复训练设备中，伺服系统包括哪些组成部分？

　　　　2. 试画出手部康复机器人的运动控制系统框图。

伺服系统又称为跟随系统或位置随动控制系统，可用来实现对机械运动的位置控制。其被控制量（输出量）是负载机械空间位置的线位移或角位移，当位置给定量（输入量）做任意变化时，系统的主要任务是使输出量快速而准确地复现给定量的变化。

在医疗康复器械领域，人体疾病治疗、康复、检查、记录、监视、分析、整形美容等所使用的系统、设备、仪器、机械、器具以及辅助机械，大到机器人组成治疗系统，小到手术刀针，范围十分广泛。医疗康复器械是从手工器具开始发展起来的，目前趋势是机械化、自动化、电子化、电动化、智能化。许多器械已广泛应用各种微特电机代替人工动力，有些场合只有电动机才能完成操作。如医用电动病床、医用加速器中只有用伺服电机才能控制多叶式光缆，调节放射剂量。

第一节　伺服系统的特征及组成

一、伺服系统的基本要求及特征

1. 伺服系统的基本要求　伺服系统的功能是使输出快速而准确地复现给定，对伺服系统具有如下的基本要求。

（1）稳定性好　伺服系统在给定输入和外界干扰下，能在短暂的过渡过程后，达到新的平衡状态，或者恢复到原先的平衡状态。

（2）精度高　伺服系统的精度是指输出量跟随给定值的精确程度，如精密加工的数控机床、要求很高的定位精度。

（3）动态响应快　动态响应是伺服系统重要的动态性能指标，要求系统对给定的跟随速度足够快、超调小，甚至要求无超调。

（4）抗扰动能力强　在各种扰动作用时，系统输出动态变化小，恢复时间快，振荡次数少，甚至要求无振荡。

2. 伺服系统的特征

（1）必须具备高精度的传感器，能准确地给出输出量的电信号。

（2）功率放大器以及控制系统都必须是可逆的。

（3）拥有足够大的调速范围及足够强的低速带载性能。

（4）具有快速的响应能力和较强的抗干扰能力。

二、伺服系统的组成

伺服系统由伺服电动机、功率驱动器、控制器和传感器四大部分组成。除了位置传感器外，可能还需要电压、电流和速度传感器。图8-1（a）所示的伺服系统为开环控制方式，开环伺服系统完全根据指令驱动伺服电动机和传动机构，不对实际的位置进行反馈控制。所以结构简单、成本较低，但控制精度只能靠伺服系统本身的传动精度来保证。开环伺服系统一般采用步进电动机，控制器将指令信号转变成与步进电动机步进角对应的脉冲，功率放大装置将脉冲信号变换成步进电动机的驱动信号。

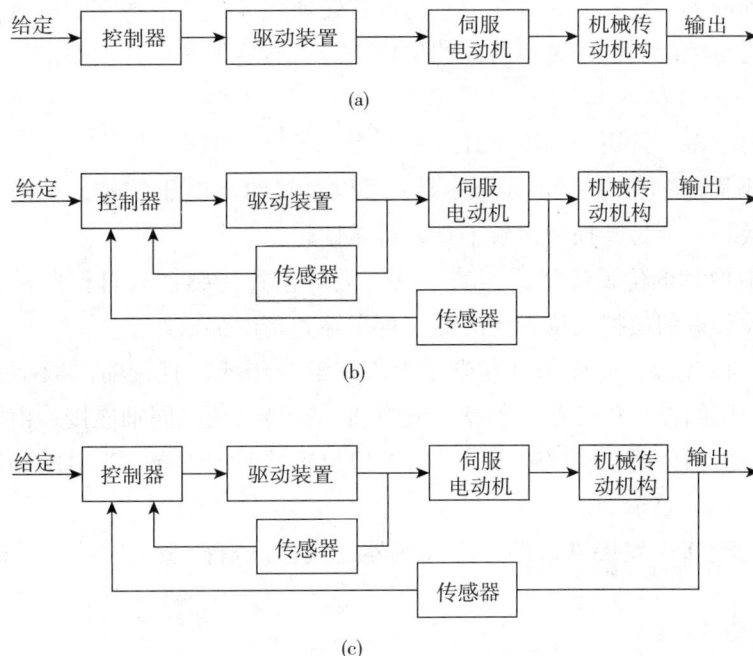

图 8-1　位置伺服系统结构示意图
（a）开环系统；（b）半闭环系统；（c）全闭环系统

　　闭环伺服系统在开环伺服的基础上增加了位置反馈装置，从而实现位置的闭环控制，以得到更高的控制精度。一般闭环控制系统还对转速和转矩（电流）进行反馈可闭环控制，作为位置控制的内环。根据位置反馈信号的来源将系统分为半闭环位置伺服系统［图8-1（b）］和全闭环位置系统［图8-1（c）］，位置反馈信号来源于传动机构输出环节的系统，称为全闭环位置伺服系统；位置反馈信号来源于执行机构即输电动机转轴的系统，称为半闭环位置伺服系统。

　　1. 伺服电动机与功率驱动器　伺服电动机是伺服系统的执行机构，在小功率伺服系统中多用永磁式伺服电动机，如永磁式直流伺服电动机、直流无刷伺服电动机、永磁式交流伺服电动机，也可采用步进式伺服电动机。在大功率或较大功率的情况下也可采用电励磁的直流或交流伺服电动机。

　　从电动机结构和数学模型看来，伺服电动机与调速电动机无本质上的区别，一般说来，伺服电动机的转动惯量小于调速电动机，低速和零速带负载能力性能优于调速电动机。由于直流伺服电动机具有机械换向器，应用场合受到限制，维护工作量大，目前常用的是交流伺服电动机或直流无刷伺服电动机。

　　功率驱动器主要起功率放大的作用，根据不同伺服电动的需要，输入合适的电压和频率（对于交流伺服电动机），控制伺服电动机的转矩和转速，满足伺服系统的实际需求，达到预期的性能指标。

　　2. 控制器　是伺服系统的关键所在，伺服系统的控制规律体现在控制器上，控制器应根据位置给定和反馈信号，经过必要的控制算法，产生功率驱动器的控制信号。与调速系统相同，伺服系统的控制器也经历了由模拟控制向计算机数字控制的发展过程。

　　早期的伺服控制系统采用模拟控制器和模拟位置传感器，系统定位精度和性能不够理想。随着计算机控制技术的发展，计算机数字控制的伺服系统已取代模拟控制的伺服系统，现在计算机数字控制的伺服系统已占据主导地位。计算机数字控制具有一般模拟控制难以实现的数据通信、复杂的逻辑和数据处理、故障判别等功能，配以高精度的数字位置传感器，可提高伺服系统的定位精度，改善伺服系统的动态性能。

　　3. 位置传感器　精确而可靠地发出位置给定信号并检测被控对象的实际位置是位置伺服系统工作良好的基本保证。位置传感器将具体的直线或转角位移转换成模拟的或数字的电量，再通过信号处理电路或相应的算法，形成与控制器输入量相匹配的位置信号，然后根据位置偏差信号实施控制，最终消除偏差。

　　位置传感器的种类很多，常用的有以下几种。

　　（1）电位器　是最简单的位移－电压传感器，可以直接给出电压信号，价格便宜，使用方便，但划臂与电阻间有滑动接触，容易磨损和接触不良，可靠性较差。

　　（2）基于电磁感应原理的位置传感器　属于这一类的位置传感器有自整角机、旋转变压器、感应同步器等。是应用比较普遍的模拟式位置传感器，可靠性和精度都较好。

　　（3）光电编码器　由光源、光栅码盘和光敏元件三部分组成，直接输出数字式电脉冲信号，是现代数字伺服系统主要采用的位置传感器。码盘一般为圆形，与电动机同轴连接，由电动机带动旋转，也有用真线形的。由移动机构传动。按照输出脉冲与对应位置关系的不同，光电编码器有增量式编码器和绝对值式两种。

　　（4）磁性编码器　近年来发展迅速的一类编码器，现已经有磁敏电阻式、励磁磁环式、霍尔元件式等多种类型。

三、伺服系统的性能指标

　　与调速系统相似，伺服系统的性能指标分为稳态性能指标和动态性能指标，两者之间既有区别，又有联系。当系统达到稳定运行时，伺服系统实际位置与目标值之间的误差，称作系统的稳态跟踪误差。

由系统结构和参数决定的稳态跟踪误差可分为三类：位置误差、速度误差和加速度误差。伺服系统在动态调节过程中的性能指标称为动态性能指标，诸如超调量、跟随速度及跟随时间、调节时间、振荡次数、抗扰动能力等。

影响伺服系统稳态精度，导致系统产生稳态误差的因素主要有检测误差和系统误差，检测误差来源于反馈通道的检测元件，而系统误差则与伺服系统控制结构有关。

第二节　伺服系统控制对象的数学模型

根据伺服电动机的种类，伺服系统可分为直流和交流两大类。以下分析两种伺服系统控制对象的数学模型。伺服系统控制对象包括伺服电动机、驱动装置和机械传动机构。

一、直流伺服系统控制对象的数学模型

直流伺服系统的执行元件为直流伺服电动机，中、小功率的伺服系统采用直流永磁伺服电动机，当功率较大时，也可采用电励磁的直流伺服电动机。直流无刷电动机与直流电动机有相同的控制特性，也可归入直流伺服系统。

假定气隙磁通恒定，直流伺服电动机的状态方程

$$\frac{d\omega}{dt} = \frac{1}{J}T_e - \frac{1}{J}T_L \tag{8-1}$$

$$\frac{dI_d}{dt} = -\frac{R_\Sigma}{L_\Sigma}I_d - \frac{1}{L_\Sigma}E + \frac{1}{L_\Sigma}U_{d0} \tag{8-2}$$

式中，I_d 为电枢电流；R_Σ 为包括驱动器内阻的电枢回路电阻；L_Σ 为电枢回路电感；ω 为以角速度衡量的伺服电动机转速。

机械传动机构的状态方程

$$\frac{d\theta_m}{dt} = \frac{\omega}{j} \tag{8-3}$$

式中，θ_m 为伺服系统机械转角；j 为机械传动机构的传动比。

驱动装置的近似等效传递函数 $\dfrac{K_s}{T_s s + 1}$，写成状态方程

$$\frac{dU_{d0}}{dt} = -\frac{1}{T_s}U_{d0} + \frac{K_s}{T_s}u_c \tag{8-4}$$

式中，U_{d0} 为驱动器理想空载电压；u_c 为驱动装置的控制输入；T_s 为驱动装置的等效惯性时间常数；K_s 为驱动装置的放大系数。

综合以上各式，可得控制对象的数学模型

$$\left.\begin{aligned}
\frac{d\theta_m}{dt} &= \frac{\omega}{j} \\[2mm]
\frac{d\omega}{dt} &= \frac{C_T}{J}I_d - \frac{1}{J}T_L \\[2mm]
\frac{dI_d}{dt} &= -\frac{1}{T_l}I_d = \frac{C_e}{L_\Sigma}\omega + \frac{1}{L_\Sigma}U_{d0} \\[2mm]
\frac{dU_{d0}}{dt} &= -\frac{1}{T_s}U_{d0} + \frac{K_s}{T_s}u_c
\end{aligned}\right\} \tag{8-5}$$

控制对象结构如图 8 - 2 所示，输入为 u_c，输出为转角 θ_m，与调速系统相比，控制对象状态方程的阶次高于直流调速系统。

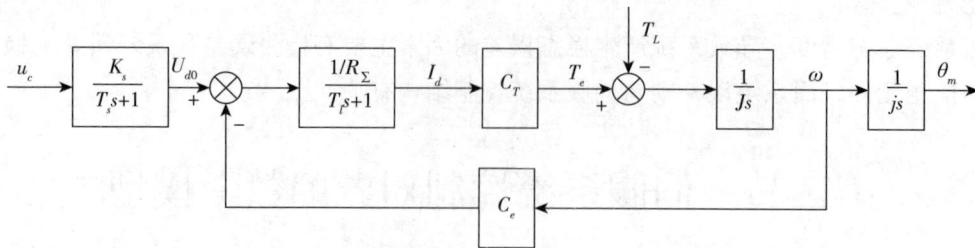

图 8 - 2 直流伺服系统控制对象结构图

采用电流闭环后，电流环的等效传递函数为惯性环节，故带有电流闭环控制的对象数学模型为

$$
\left.
\begin{aligned}
\frac{d\theta_m}{dt} &= \frac{\omega}{j} \\[2mm]
\frac{d\omega}{dt} &= \frac{C_T}{J}I_d - \frac{1}{J}T_L \\[2mm]
\frac{dI_d}{dt} &= -\frac{1}{T_i}I_d + \frac{1}{T_i}I_d^*
\end{aligned}
\right\}
\tag{8-6}
$$

式中，T_i 为电流环的等效惯性时间常数；I_d^* 为电枢电流给定。

对象结构如图 8 - 3 所示，电流闭环控制使电枢电流快速跟随给定值，简化了对象结构。

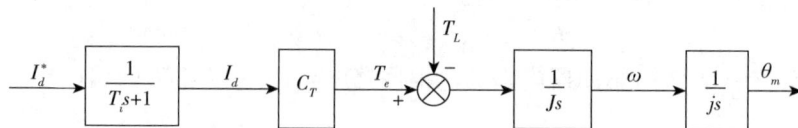

图 8 - 3 带有电流闭环控制的对象结构图

二、交流伺服系统控制对象的数学模型

用交流伺服电动机作为伺服系统的执行电动机，称作交流伺服系统。常用的交流伺服电动机有三相异步电动机、永磁式同步电动机和磁阻式步进电动机等，也可用电励磁的同步伺服电动机。无论是异步电动机，还是同步电动机，经过矢量变换、磁链定向和电流闭环控制均可等效为电流控制的直流电动机。现以三相异步伺服电动机为例来分析。

异步电动机按转子磁链定向的数学模型为：

$$
\left.
\begin{aligned}
\frac{d\omega}{dt} &= \frac{n_p^2 L_m}{JL_r}i_{st}\psi_r - \frac{n_p}{r}T_L \\[2mm]
\frac{d\psi_r}{dt} &= -\frac{1}{T_r}\psi_r + \frac{L_m}{T_r}i_{sm} \\[2mm]
\frac{di_{sm}}{dt} &= \frac{L_m}{\sigma L_s L_r T_r}\psi_r - \frac{R_s L_r^2 + R_r L_m^2}{\sigma L_s L_r^2}i_{sm} + \omega_1 i_{st} + \frac{u_{sm}}{\sigma L_s} \\[2mm]
\frac{di_{st}}{dt} &= \frac{L_m}{\sigma L_s L_r}\omega\psi_r - \frac{R_s L_r^2 + R_r L_m^2}{\sigma L_s L_r^2}i_{st} - \omega_1 i_{sm} + \frac{u_{st}}{\sigma L_s}
\end{aligned}
\right\}
\tag{8-7}
$$

采用转子磁链闭环控制，在转子磁链 ψ_r 达到稳态后，ψ_r 等于常数。简单起见，设电动机极对数为 1，考虑转角与转速的关系，采用电流闭环控制后，对象的数学模型为：

$$\left.\begin{array}{l} \dfrac{d\theta_m}{dt} = \dfrac{\omega}{j} \\[2mm] \dfrac{d\omega}{dt} = \dfrac{C_T}{J} i_{st} - \dfrac{1}{J} T_L \\[2mm] \dfrac{d i_{st}}{dt} = -\dfrac{1}{T_i} i_{st} + \dfrac{1}{T_i} I_{st}^* \end{array}\right\} \qquad (8-8)$$

C_T 为包含磁链作用在内的转矩系数，i_{st} 电流转矩分量相当于直流电动机的电枢电流，电流闭环控制的交流伺服电动机结构图与直流电动机相仿。对于同步伺服电动机也可得到相同结论，不重复论述。

以上分析表明，采用电流闭环控制后，交流伺服系统与直流伺服系统具有相同的控制对象数学模型，称作在电流闭环控制下交、直流伺服系统控制对象的统一模型。因此，可用相同的方法设计交流或直流伺服系统。

第三节 伺服系统的设计

伺服系统的结构因系统的具体要求而异，对于闭环伺服控制系统，常用串联校正或并联校正方式进行动态性能的调整。校正装置串联配置在前向通道的校正方式称为串联校正，一般把串联校正单元称作调节器，所以又称为调节器校正。若校正装置与前向通道并行，则称作并联校正；信号流向与前向通道相同时，称作前馈校正；信号流向与前向通道相反时，则称作反馈校正。

一、调节器校正及其传递函数

常用的调节器有比例 – 微分（PD）调节器、比例 – 积分（PI）调节器以及比例 – 积分 – 微分（PID）调节器，设计中可根据实际伺服系统的特征进行选择。

1. PD 调节器校正 在伺服系统中，一般都包含惯性环节和积分环节，这使得系统的快速性变差，也使系统的稳定性变差，甚至造成不稳定。若在系统的前向通道上串联 PD 调节器校正装置，可以使相位超前，以抵消惯性环节和积分环节使相位滞后而产生的不良后果。因此 PD 调节器也叫超前校正。PD 调节器的传递函数为：

$$W_{PD}(s) = K_p(1 + \tau_d s) \qquad (8-9)$$

超前校正是利用 PD 调节器在相位上的超前作用，适用于稳定裕度偏小和开环截止频率不满足要求的对象，PD 调节器自身没有积分环节，对系统稳态性能的作用不大，在设计时要引起必要的重视。

2. PI 调节器校正 在伺服系统中，要实现系统无静差，必须在前向通道上设置积分环节，采用 PI 调节器可以满足这一要求。由于 PI 串联校正会使系统的相位滞后，减小相角裕度，从而使系统的稳定性变差，因此也被称为滞后校正。

如果系统的稳态性能满足要求，并有一定的稳定裕量，而稳态误差较大，则可以用 PI 调节器进行校正。PI 调节器的传递函数为：

$$W_{PI}(s) = K_p\left(\dfrac{\tau_i s + 1}{\tau_i s}\right) \qquad (8-10)$$

3. PID 调节器校正　将 PD 串联校正和 PI 串联校正联合使用，构成 PID 调节器，或称为滞后 – 超前校正装置。微分校正主要用于改善系统的稳定性或动态特性，而积分校正主要用于改善系统的稳态精度或动态特性，如果合理设计则可以综合改善伺服系统的动态和静态特性。PID 串联校正装置的传递函数为：

$$W_{PID}(s) = K_p \frac{(\tau_i s + 1)(\tau_d s + 1)}{\tau_i s} \tag{8-11}$$

除了上述三种串联校正外，还有局部反馈校正与前馈校正，将结合实际系统介绍。

二、单环位置伺服系统

对于直流伺服电动机可以采用单环位置控制方式，直接设计位置调节器 APR（图 8 – 4）。为了避免在过渡过程中电流冲击过大，应采用电流截止反馈保护，或者选择允许过载倍数比较高的伺服电动机。由于交流伺服电动机具有非线性、强耦合的特点，单环位置控制方式难以达到伺服系统的动态要求，一般不采用单环位置控制。

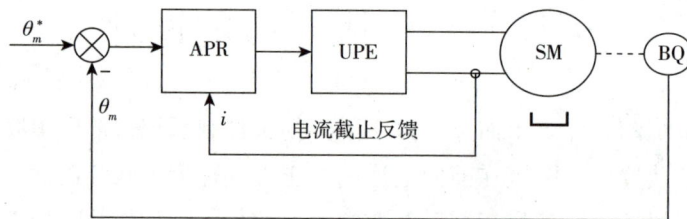

图 8 – 4　单环位置伺服系统

APR—位置调节器；UPE—驱动装置；SM—直流伺服电动机；BQ—位置传感器

忽略负载转矩，直流伺服系统控制对象传递函数为：

$$W_{obj}(s) = \frac{K_s/(jC_e)}{s(T_s s + 1)(T_m T_l s^2 + T_m s + 1)} \tag{8-12}$$

式中，机电时间常数 $T_m = \dfrac{R \sum J}{C_T C_e}$，简化的直流伺服系统控制对象结构图如图 8 – 5 所示。

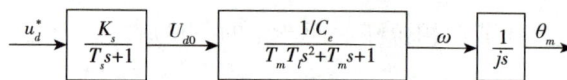

图 8 – 5　简化的直流伺服系统控制对象结构图

作为动态校正和加快跟随作用的位置调节器常选用 PD 或 PID 调节器。以 PD 调节器为例，其传递函数为：

$$W_{APR}(s) = W_{PD}(s) = K_p(1 + \tau_d s) \tag{8-13}$$

则伺服系统开环传递函数为：

$$W_{\theta op}(s) = \frac{K_\theta(\tau_d s + 1)}{s(T_s s + 1)(T_m T_l s^2 + T_m s + 1)} \tag{8-14}$$

系统开环放大系数 $K_\theta = \dfrac{K_p K_s}{jC_e}$，图 8 – 6 为单环位置控制直流伺服系统结构图，假定 θ_m 的反馈系数 $\gamma = 1$，构成单位反馈系统。

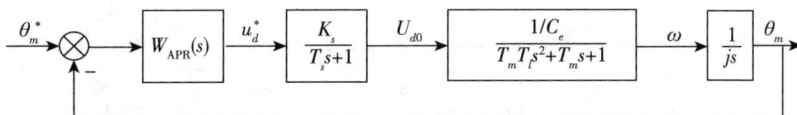

图 8-6　单环位置控制直流伺服系统结构图

一般说来，$T_m > 4T_l$，则 $T_m T_l s^2 + T_m s + 1 = (T_1 s + 1)(T_2 s + 1)$，用系统的开环零点消去惯性时间常数最大的开环极点，以加快系统的响应过程。假定 $T_1 \geqslant T_2 > T_s$，则系统的开环零点消去开环极点，简化后系统的开环传递函数为：

$$W_{\theta op}(s) = \frac{K_\theta}{s(T_s s + 1)(T_2 + 1)} \tag{8-15}$$

伺服系统的闭环传递函数为：

$$W_{\theta cl}(s) = \frac{K_\theta}{T_s T_2 s^3 + (T_s + T_2)s^2 + s + K_\theta} \tag{8-16}$$

由闭环传递函数的特征方程式

$$T_s T_2 s^3 + (T_s + T_2)s^2 + s + K_\theta = 0 \tag{8-17}$$

用劳斯稳定判据，为保证系统稳定，需使 $K_\theta < \dfrac{T_s + T_2}{T_s T_2}$。系统开环传递函数对数幅频特性如图 8-7 所示，对数幅频特性以 -20dB/dec 过零，系统具有足够的稳定裕度，低频段的斜率为 -20dB/dec，具有一定的稳态精度，高频段的斜率为 -60dB/dec，说明系统具有较强的抗扰能力，但剪切斜率 ω_c 较小，快速性略显不足。

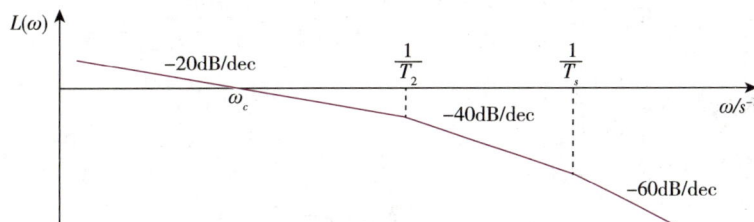

图 8-7　单环位置伺服系统开环传递函数对数幅频特性

采用 PD 调节器的方法将系统校正为 I 型系统，对负载扰动和速度输入信号有静差。若要求对负载扰动无静差，应采用 PID 调节器，将系统校正为 II 型系统。

三、双环位置伺服系统

电流闭环控制可以抑制起、制动电流，加速电流的响应过程。对于交流伺服电动机，电流闭环还具有改造对象的作用，实现励磁分量和转矩分量的解耦，得到等效的直流电动机模型。因此，可以在电流闭环控制的基础上，设计位置调节器，构成位置伺服系统，位置调节器的输出限幅是电流的最大值。图 8-8 为双环位置伺服系统结构图，图中以直流伺服系统为例，对于交流伺服系统也适用，只需对伺服电动机和驱动装置应做相应的改动。

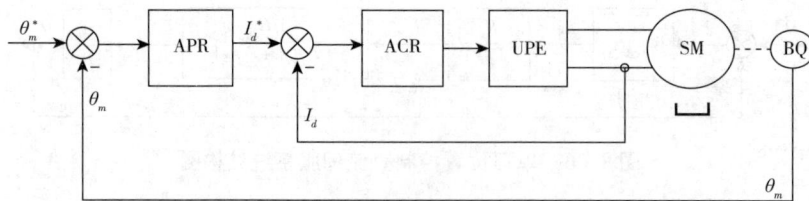

图 8 - 8　双环位置伺服系统

在图 8 - 8 中，对于直流伺服电动机为电枢电流 I_d 闭环控制，而对于交流伺服电动机则为电流的转矩分量 i_{st} 闭环控制。由于控制对象在前向通道上有两个积分环节，故该系统能精确跟随速度输入信号。为了消除负载扰动引起的静差，APR 选用 PI 调节器，其传递函数为：

$$W_{APR}(s) = W_{PI}(s) = K_p \left(\frac{\tau_i s + 1}{\tau_i s} \right) \tag{8-18}$$

双环位置伺服系统的结构图如图 8 - 9 所示。

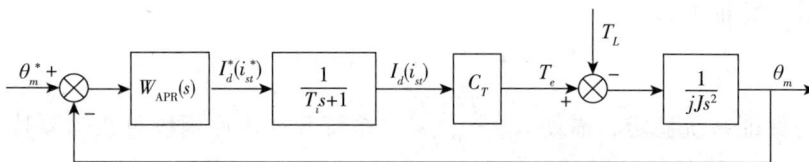

图 8 - 9　双环位置伺服系统结构图

系统的开环传递函数为：

$$W_{\theta op}(s) = \frac{K_p(\tau_i s + 1)}{\tau_i s} \frac{C_T/(jJ)}{s^2(T_i s + 1)} = \frac{K_\theta(\tau_i s + 1)}{s^3(T_i s + 1)} \tag{8-19}$$

式中，系统的开环放大系数 $K_\theta = \dfrac{K_p C_T}{jJ\tau_i}$。

伺服系统的闭环传递函数为：

$$W_{\theta cl}(s) = \frac{K_\theta(\tau_i s + 1)}{T_i s^4 + s^3 + K_\theta \tau_i s + K_\theta} \tag{8-20}$$

系统的特征方程式为：

$$T_i s^4 + s^3 + K_\theta \tau_I s + K_\theta = 0 \tag{8-21}$$

由于特征方程式未出现 s^2 项，由劳斯稳定判据，系统不稳定。

若将 APR 改用 PID 调节器，其传递函数为：

$$W_{APR}(s) = W_{PID}(s) = K_p \frac{(\tau_i s + 1)(\tau_d s + 1)}{\tau_i s} \tag{8-22}$$

伺服系统的开环传递函数为：

$$W_{\theta op}(s) = \frac{K_p(\tau_i s + 1)(\tau_d s + 1)}{\tau_i s} \frac{C_T/(jJ)}{s^2(T_i s + 1)} = \frac{K_\theta(\tau_i s + 1)(\tau_d s + 1)}{s^3(T_i s + 1)} \tag{8-23}$$

闭环传递函数为：

$$W_{\theta cl}(s) = \frac{K_\theta(\tau_i s + 1)(\tau_d s + 1)}{T_i s^4 + s^3 + K_\theta \tau_i \tau_d s^2 + K_\theta(\tau_i + \tau_d)s + K_\theta} \tag{8-24}$$

系统特征方程式为：

$$T_i s^4 + s^3 + K_\theta \tau_i \tau_d s^2 + K_\theta(\tau_i + \tau_d)s + K_\theta = 0 \tag{8-25}$$

由劳斯稳定判据求得系统稳定的条件为：

$$\begin{cases} \tau_i \tau_d > T_i (\tau_i + \tau_d) \\ K_\theta (\tau_i + \tau_d)(\tau_i \tau_d - T_i(\tau_i + \tau_d)) > 1 \end{cases} \tag{8-26}$$

图 8-10 为采用 PID 控制的双环控制伺服系统开环传递函数对数幅频特性。低频段的斜率为 $-60\mathrm{dB/dec}$，系统有足够的稳态精度；中频段的斜率为 $-20\mathrm{dB/dec}$，保证了系统的稳定性，为了使系统具有一定的稳定裕度，应保证足够的中频段宽度 h，高频段的斜率为 $-40\mathrm{dB/dec}$，系统具有一定的抗干扰能力。

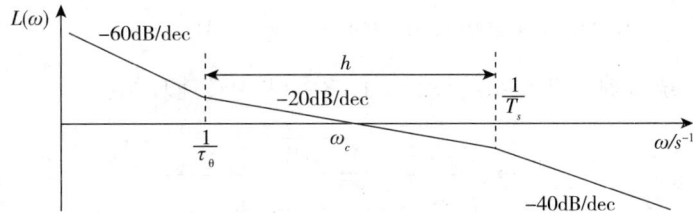

图 8-10 采用 PID 控制的双环控制伺服系统开环传递函数对数幅频特性

若 APR 仍采用 PI 调节器，可在位置反馈的基础上，再加上微分负反馈，即转速负反馈。构成局部反馈，如图 8-11 所示，其中 τ_d 是微分反馈系数。

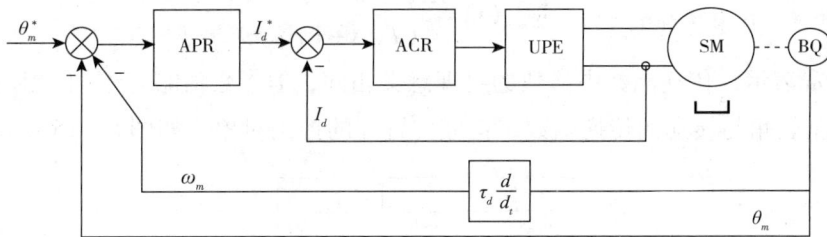

图 8-11 带有微分负反馈的伺服系统

带有微分负反馈的伺服系统的结构如图 8-12 所示，开环传递函数和闭环系统的特征方程式与图 8-9 所示的 PID 控制单位反馈的伺服系统相同，闭环传递函数与式（8-24）相比，少了一个系统闭环零点，在动态性能上略有差异，但不影响系统的稳定性。

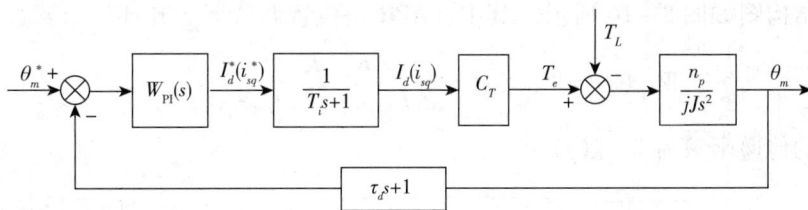

图 8-12 带有微分负反馈的伺服系统结构图

四、三环位置伺服系统

在调速系统的基础上，再设一个位置环，形成三环控制的位置伺服系统。如图 8-13 所示。其中位置调节器 APR 就是位置环的校正装置，其输出限幅值决定着电动机的最高转速。

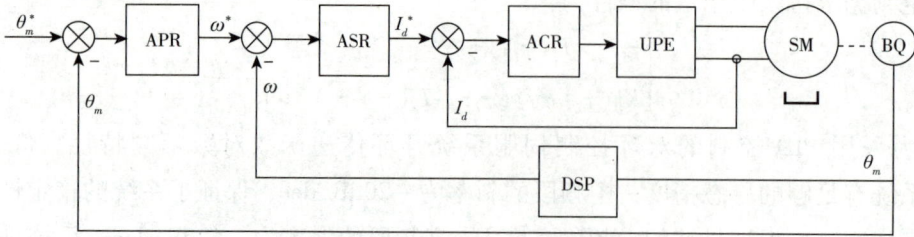

图 8 – 13　三环位置伺服系统

APR—位置调节器；ASR—转速调节器；ACR—电流调节器；

BQ—光电位置传感器；DSP—数字转速信号形成环节

直流转速闭环控制系统按典型 II 型系统设计，图 8 – 14 为转速环结构图。

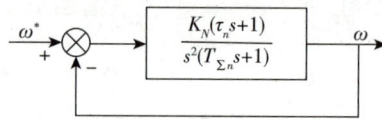

图 8 – 14　转速环结构图

开环传递函数为：

$$W_{nop}(s) = \frac{K_N(\tau_n s + 1)}{s^2(T_{\Sigma n} s + 1)} \qquad (8-27)$$

转速用角速度 ω 表示，传递函数中参数的物理意义相同，但参数值略有不同。由上式可导出转速闭环传递函数，再加上转角与转速的传递函数，构成位置环的控制对象，如图 8 – 15 所示。

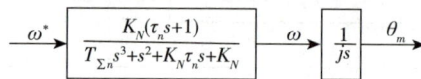

图 8 – 15　位置环的控制对象结构图

位置环控制对象的传递函数为：

$$W_{\theta obj}(s) = \frac{\theta_m(s)}{\omega^*(s)} = \frac{K_N(\tau_n s + 1)/j}{s(T_{\Sigma n} s^3 + s^2 + K_N \tau_n s + K_N)} \qquad (8-28)$$

位置闭环控制结构图如图 8 – 16 所示，其中，APR 是位置调节器。开环传递函数为：

$$W_{\theta op}(s) = W_{APR}(s) = \frac{K_N(\tau_n s + 1)/j}{s(T_{\Sigma n} s^3 + s^2 + K_N \tau_n s + K_N)} \qquad (8-29)$$

其中，位置调节器的传递函数为 $W_{APR}(s)$。

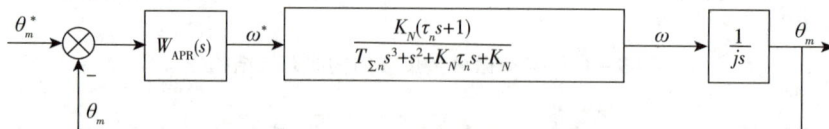

图 8 – 16　位置闭环控制结构图

由于控制对象在前向通道上有一个积分环节，当输入 θ_m^* 为阶跃信号时，APR 选用 P 调节器就可实现稳态无静差，则系统的开环传递函数可改写为：

$$W_{\theta op}(s) = \frac{K_p K_N (\tau_n s + 1)/j}{s(T_{\sum n} s^3 + s^2 + K_N \tau_n s + K_N)}$$

$$= \frac{K_\theta (\tau_n s + 1)}{s(T_{\sum n} s^3 + s^2 + K_N \tau_n s + K_N)} \qquad (8-30)$$

系统的开环放大系数为：

$$K_\theta = \frac{K_p K_N}{j}$$

伺服系统的闭环传递函数为：

$$W_{\theta L}(s) = \frac{K_\theta (\tau_n s + 1)}{T_{\sum n} s^4 + s^3 + K_N \tau_n s^2 + (K_N + K_\theta \tau_n) s + K_\theta} \qquad (8-31)$$

系统的特征方程式为：

$$T_{\sum n} s^4 + s^3 + K_N \tau_n s^2 + (K_N + K_\theta \tau_n) s + K_\theta = 0 \qquad (8-32)$$

用劳斯稳定判据，可得系统的稳定条件为：

$$\begin{cases} K_\theta < \dfrac{K_N (\tau_n - T_{\sum n})}{T_{\sum n} \tau_n} \\ -T_{\sum n} \tau_n^2 K_\theta^2 + (\tau_n^2 K_N - 2 T_{\sum n} K_N \tau_n - 1) K_\theta + K_N^2 (\tau_n - T_{\sum n}) > 0 \end{cases} \qquad (8-33)$$

当输入 θ_m^* 为速度信号时，APR 选用 PI 调节器才能实现稳态无静差，控制系统结构更加复杂。

多环控制系统调节器的设计方法也是从内环到外环，逐个设计各环的调节器。逐环设计可以使每个控制环都是稳定的，从而保证了整个控制系统的稳定性。当电流环和转速环内的对象参数变化或受到扰动时，电流反馈和转速反馈能够起到及时的抑制作用，使之对位置环的工作影响很小。同时，每个环节都有自己的控制对象，分工明确，易于调整。但这样逐环设计的多环控制系统也有明显的不足，即对最外环控制作用的响应不会很快。

五、复合控制伺服系统

无论是多环还是单环伺服系统，都是通过位置调节器 APR 来实现反馈控制的。这时，给定信号的变化要经过 APR 才能起作用。在设计 APR 时，为了保证整个系统的稳定性，不可能过分照顾快速跟随作用。如果要进一步加强跟随性能，可以从给定信号直接引出开环的前馈控制，和闭环的反馈控制一起，构成复合控制系统，其结构原理如图 8-17 所示。

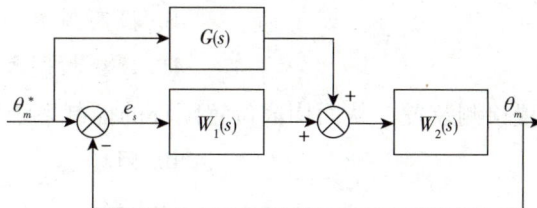

图 8-17　复合控制位置伺服系统的结构原理图

$W_1(s)$—反馈控制器的传递函数；$W_2(s)$—控制对象的传递函数；$G(s)$—前馈控制器的传递函数。

利用结构图变换可以求出复合控制伺服系统的闭环传递函数为：

$$\frac{\theta_m(s)}{\theta_m^*(s)} = \frac{W_1(s) W_2(s) + G(s) W_2(s)}{1 + W_1(s) W_2(s)} \qquad (8-34)$$

如果前馈控制器的传递函数选为 $G(s) = \dfrac{1}{W_2(s)}$，可得到 $\dfrac{\theta_m(s)}{\theta_m^*(s)} = 1$。这就是说，理想的复合控制随动

系统的输出量能够完全复现给定输入量，其稳态和动态的给定误差都为零。系统对给定输入实现了"完全不变性"。

🔗 知识链接

我国伺服系统领域杰出学者

在伺服系统领域，我国学者取得了许多重要成就。

王子才：中国工程院院士，自动控制、系统仿真专家。他带领团队克服困难，在自动控制及系统仿真领域发展了伺服系统理论，提出并实现了复合驱动控制系统、变阻尼及大摩擦系统的控制技术，为电动仿真转台的研制开辟了新途径，占据了国内仿真转台技术的最高点，为仿真转台研制及其产业化发展做出了重大贡献。

徐殿国：哈尔滨工业大学教授，IEEE 会士。他长期从事交流变频调速技术、交流伺服系统技术、照明电子技术等领域的研究工作，承担和完成多项国家科技重大专项、国家"863"计划等科研课题，所领导的课题组在新能源高效率电力电子变换器和电机驱动控制领域取得了诸多国际领先成果，其交流电机及其驱动控制领域研究处于国际领先水平。

程明：东南大学教授。长期从事电机系统与控制的基础理论研究与技术攻关。他主持了多项国家科研项目，发表了大量学术论文，并获得了多项专利和学术奖励。其研究成果在航空航天、高档数控机床、机器人等领域得到了广泛应用。

目标检测

答案解析

一、选择题

1. 以下不属于对伺服系统基本要求的是（　　）。

    A. 稳定性好   B. 精度高

    C. 快速响应无超调   D. 高速，转矩小

2. 可以进一步减小步进电机的步距角，从而提高其走步精度的方式为（　　）。

    A. 细分   B. 提高频率

    C. 减小电源电压   D. 改变控制算法

3. 使用感应同步器作为位置检测装置，从而构成位置闭环的控制系统属于（　　）。

    A. 开环   B. 闭环

    C. 半闭环   D. 前馈

4. PWM 调速方式称为（　　）。

    A. 变电流调速   B. 变电压调速

    C. 变频调速   D. 脉宽调速

5. 无刷直流电动机的换相状态的决定因素是（　　）。

    A. 转子的位置   B. 位置传感器的安装位置

    C. 电机的电流   D. 电机的电压

二、简答计算题

1. 伺服系统的结构如图所示

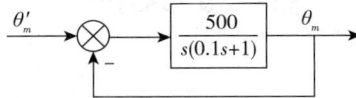

计算三种输入下的系统给定误差：

（1） $\theta_m^* = \dfrac{1}{2} \cdot 1(t)$；

（2） $\theta_m^* = \dfrac{t}{2} \cdot 1(t)$；

（3） $\theta_m^* = \left(1 + t + \dfrac{1}{2}t^2\right) \cdot 1(t)$。

2. 直流伺服系统控制对象如下图所示，机械传动机构的传动比 $j = 10$，驱动装置的放大系数 $K_s = 40$ 及滞后时间常数 $T_s = 0.001\,\text{s}$，直流伺服电机等效参数 $T_m = 0.086\,\text{s}$，$T_l = 0.012\,\text{s}$，$C_e = 0.204$，位置调节器 APR 选用 PD 调节器，构成单环位置伺服系统，求出调节器参数的稳定范围。

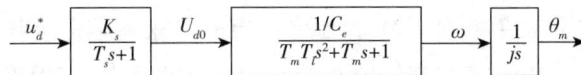

书网融合……

本章小结

参考文献

[1] 王万良. 自动控制原理 [M]. 北京：高等教育出版社，2020.

[2] 胡寿松. 自动控制原理 [M]. 北京：科学出版社，2007.

[3] 陈伯时. 自动控制系统 [M]. 北京：机械工业出版社，1981.

[4] 徐君燕. 自动控制原理及其应用 [M]. 北京：电子工业出版社，2023.

[5] 杨欢. 自动控制系统原理与应用 [M]. 西安：西安电子科技大学出版社，2019.

[6] 李丽. 自动控制原理与系统 [M]. 北京：机械工业出版社，2021.

[7] 陈渝光. 电气自动控制原理与系统 [M]. 北京：机械工业出版社，2018.

[8] 孙亮. 自动控制原理 [M]. 北京：高等教育出版社，2011.

[9] 曾霞. MATLAB 语言及应用实用教程 [M]. 西安：西北工业大学出版社，2021.

[10] 辛海燕. 自动控制基础 [M]. 哈尔滨：哈尔滨工业大学出版社，2018.

[11] 阮毅. 电力拖动自动控制系统 [M]. 北京：机械工业出版社，2021.

[12] 潘月斗. 电力拖动自动控制系统 [M]. 北京：机械工业出版社，2014.

[13] 熊晓君. 自动控制原理实验教程 [M]. 北京：机械工业出版社，2023.

[14] 温希东. 自动控制原理及其应用 [M]. 西安：西安电子科技大学出版社，2022.

[15] 张磊. MATLAB 与控制系统仿真 [M]. 北京：电子工业出版社，2018.

[16] 王丹力. MATLAB 控制系统设计、仿真、应用 [M]. 北京：中国电力出版社，2007.

[17] 陈贵银. 自动控制原理与系统 [M]. 北京：电子工业出版社，2013.

[18] 刘超. 自动控制原理的 MATLAB 仿真与实践 [M]. 北京：机械工业出版社，2015.

[19] 夏德钤. 自动控制理论 [M]. 北京：机械工业出版社，2013.

[20] 陈相志. 交直流调速系统 [M]. 北京：人民邮电出版社，2011.